彩色铅笔绘图　趣味少儿科普

动物朋友

王平辉　主编

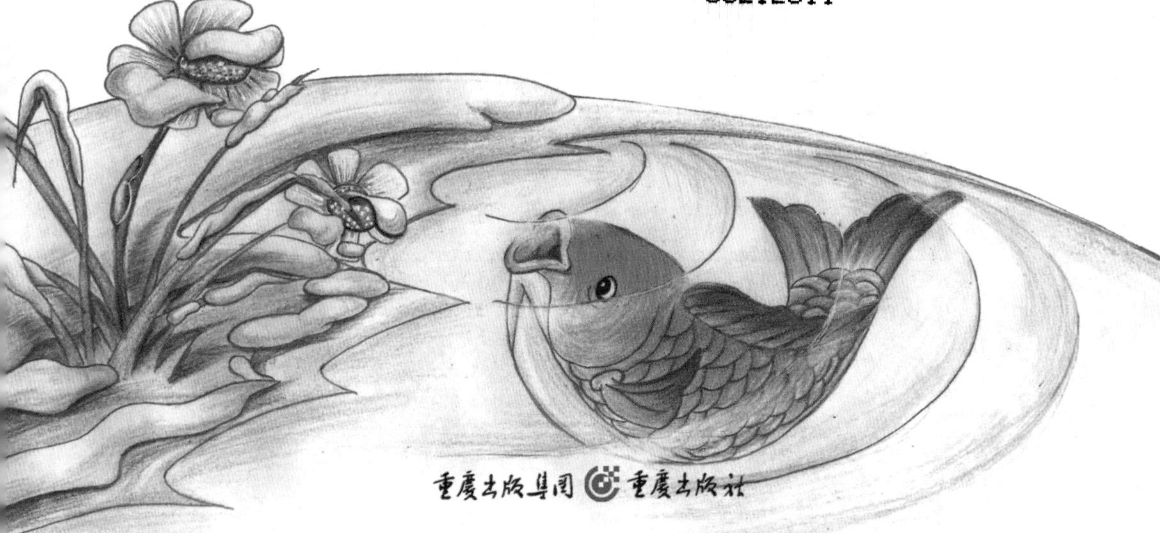

重庆出版集团　重庆出版社

图书在版编目（CIP）数据

动物朋友 / 王平辉主编． — 重庆 ：重庆出版社，2017.8
ISBN 978-7-229-12316-1

Ⅰ．①动… Ⅱ．①王… Ⅲ．①动物－少儿读物 Ⅳ．①Q95-49

中国版本图书馆 CIP 数据核字（2017）第 137139 号

动物朋友
DONGWU PENGYOU
王平辉　主编

责任编辑：周北川
责任校对：李小君
装帧设计：王平辉

重庆出版集团
重 庆 出 版 社　**出版**

重庆市南岸区南滨路 162 号　邮政编码：400061　http://www.cqph.com
重庆市国丰印务有限责任公司印刷
重庆出版集团图书发行有限公司发行
E-MAIL：fxchu@cqph.com　邮购电话：023-61520646
全国新华书店经销

开本：710mm×1000mm　1/16　印张：12　字数：90 千
2017 年 8 月第 1 版　2017 年 8 月第 1 次印刷
ISBN 978-7-229-12316-1
定价：26.80 元

如有印装质量问题，请向本集团图书发行有限公司调换：023-61520678

目录 Mu Lu

最温柔的动物 01

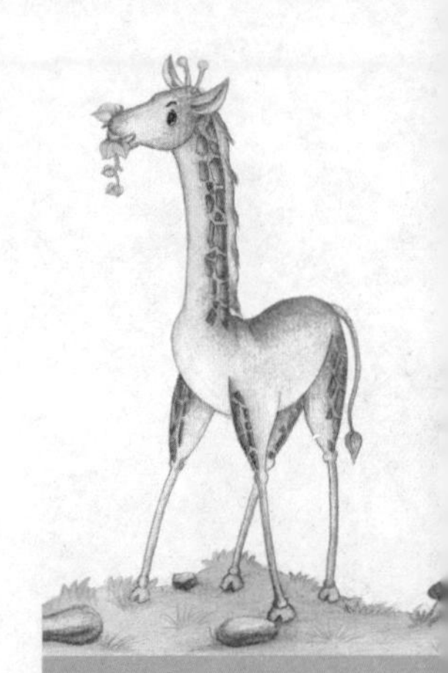

5

最令人反感的动物　163

最温柔的动物

zui wen rou de dong wu

没有胡子的猫能抓老鼠吗

当你看见邻居家的小猫咪时，有没有产生过这样的念头：猫咪为什么长着长长的胡须呢？如果把胡须剪掉，对猫咪有什么影响呢？

说起来，胡须可不仅仅是猫咪的装饰品，除了看上去很威风之外，还有很多奇妙的用途呢！比如充当标尺、测量鼠洞等等。

我们都知道，老鼠是猫咪的天敌，可是老鼠身体小巧，反应灵敏，一旦发觉被猫咪盯上，就会立即躲回洞中。这时候，猫咪就会来到洞口，用胡须来“打探”鼠洞的深浅和大小。

猫咪的胡须还有利于它上下跳动时保持身体平衡，以及判断自己所处的环境是否安全……你想啊，用途这么广泛的“武器”被剪掉了，猫咪怎么会有安全感？又怎么能够抓到老鼠？

现在，你是不是又产生了新的疑问：为什么猫咪的胡须如此神奇呢？

这是因为猫咪胡须的根部分布有很多敏感的触觉细胞，一旦胡须触动外界的任何细小的事物，它都能在极短的时间内进行分析、判断，并采取应对措施，就像雷达一样。这也是猫咪能够在夜间行动自如的原因！

兔子的长耳朵有什么用

“小白兔，白又白，两只耳朵竖起来。爱吃萝卜爱吃菜，蹦蹦跳跳真可爱……”我们都知道兔子的尾巴很短，耳朵却很长，而且，它长长的耳朵还能竖起来呢！可是，你知道兔子的长耳朵到底有什么用处吗？

细心的小朋友应该已经发现：无论是在电视上，还是在现实中，我们看到的兔子总是低头吃一会儿草，然后竖耳倾听一会儿，一旦有什么风吹草动，它立马一蹦一跳地逃走了。就连在逃走的路上，它也会时不时地停下来竖耳倾听。其实，这是兔子在用它的大耳朵捕捉来自四周的信息，确定自己所处的环境是否安全。由于兔子耳朵上分布着很多灵敏的听觉细胞，能够接收来自外界的很细微的声音，所以，倾听就成了兔子躲避天敌的最大倚仗。

另外，兔子的大耳朵还是天然的“散热器”。养过兔子的人都知道，透过一层薄薄的绒毛，可以看到粉红色的兔子耳朵皮肤，那是因为它的耳朵上布满了血管。炎热的夏天，兔子可以通过大耳朵来接触大量的流动空气，从而降低血液的温度，调整自身的体温。

据说兔子在被追赶的时候，全力奔跑的速度可以达到每小时 70 公里，比很多大型动物跑得还要快。这时候，如果没有大耳朵散热，兔子的体温会急速上升，热量积聚在体内，可真是会热死的哦。

松鼠的大尾巴有什么用

“什么尾巴长？什么尾巴短？什么尾巴像把伞？猴子尾巴长，兔子尾巴短，松鼠尾巴像把伞！”这是大家都耳熟能详的儿歌，可是，说松鼠的尾巴像把伞，会不会太夸张了？快点找些松鼠的图片来看一看吧。哟，原来松鼠的尾巴真的这么大呀，那么，松鼠要这么大的尾巴干吗呢？

松鼠大尾巴的作用可多了。首先，它能够平衡身体。可能大家不知道，松鼠是一种“孤僻”的动物，喜欢独居在树上。由于没有伙伴陪伴，它常常从这一棵树上跳到那一棵树上，自娱自乐。松鼠弹跳的时候，大尾巴不

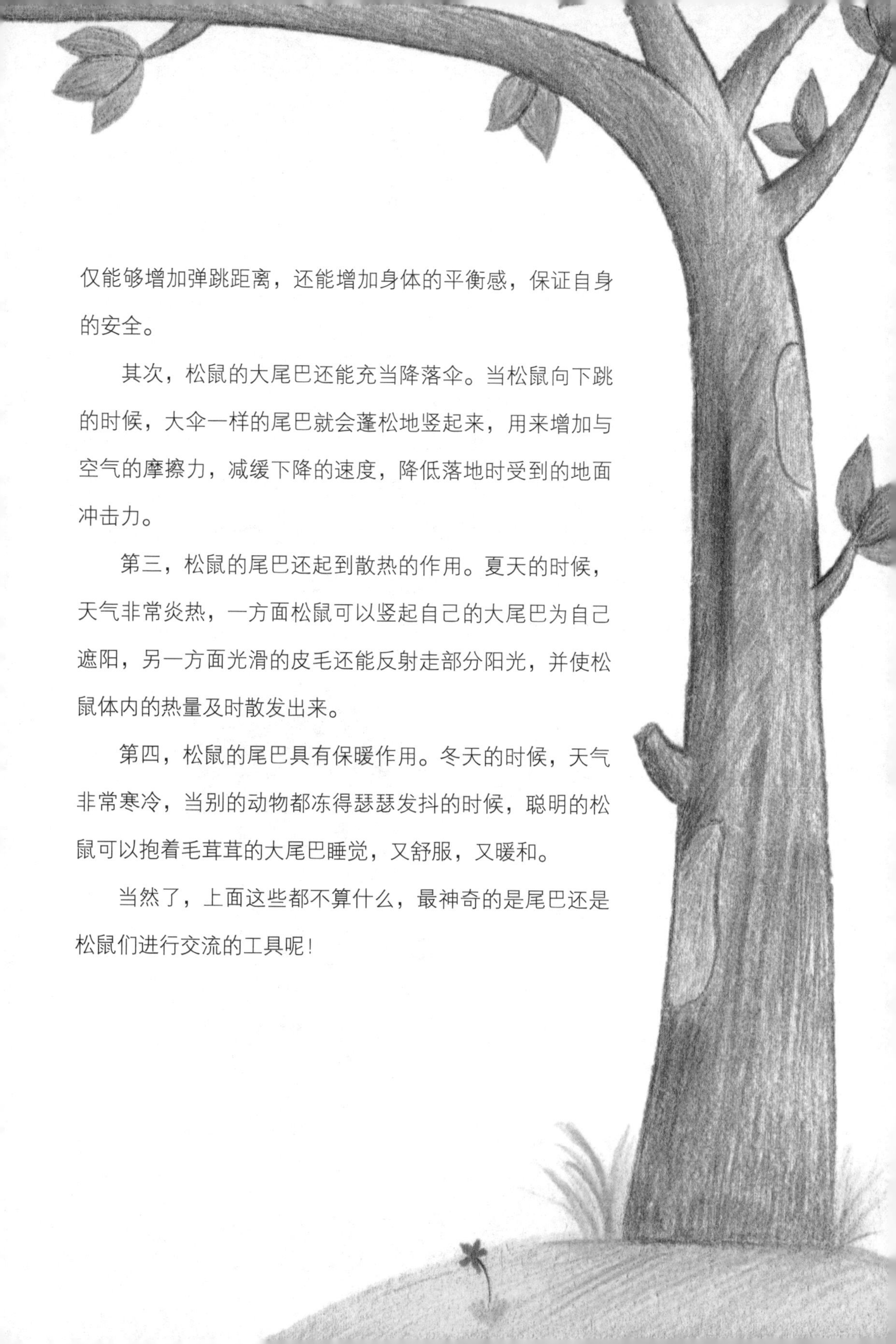

仅能够增加弹跳距离，还能增加身体的平衡感，保证自身的安全。

其次，松鼠的大尾巴还能充当降落伞。当松鼠向下跳的时候，大伞一样的尾巴就会蓬松地竖起来，用来增加与空气的摩擦力，减缓下降的速度，降低落地时受到的地面冲击力。

第三，松鼠的尾巴还起到散热的作用。夏天的时候，天气非常炎热，一方面松鼠可以竖起自己的大尾巴为自己遮阳，另一方面光滑的皮毛还能反射走部分阳光，并使松鼠体内的热量及时散发出来。

第四，松鼠的尾巴具有保暖作用。冬天的时候，天气非常寒冷，当别的动物都冻得瑟瑟发抖的时候，聪明的松鼠可以抱着毛茸茸的大尾巴睡觉，又舒服，又暖和。

当然了，上面这些都不算什么，最神奇的是尾巴还是松鼠们进行交流的工具呢！

猴子为什么喜欢抓“跳蚤”

不管是在动物园，还是在电视上，你有没有发现猴子总是不停地在身上翻腾，有时还帮同伴抓来挠去，难道是猴子身上生跳蚤了吗？

其实，我们看到的只是一个假象。猴子是非常爱干净的动物，身上很少有跳蚤，之所以在身上抓来抓去，是另有原因的。

第一个原因是猴子抓的是身上的盐粒。猴子在剧烈活动之后，身上会出大量的汗，汗水蒸发后，其中的盐分就会附着在污垢上面，成为盐粒。

在动物园里，管理员喂养猴子时往往不会特意添加盐分；在自然界中，猴子更加没有什么渠道获得盐分。长期

如此，猴子体内盐分缺乏，就不得不自己想办法了。于是，抓伙伴身上的盐粒来吃这种既方便又无危险的方法，便成了它们的第一选择。

第二个原因是清除毛发中隐含的寄生虫。猴子的肢体灵巧，动作敏锐，能够直接清除毛发中的寄生虫，是其他动物都办不到的。

第三个原因是相互梳理毛发。一般来说，猴子之间互相梳理毛发暗含着尊敬、撒娇、服从等意思，勉强称之为表达情感的一种方式，也不为过。

世界上有香猪吗

提起猪，我们脑海中立马会出现几个字：笨、臭、懒。这是人们对猪的普遍认知，也因此，猪成了骂人的代名词。可是你知道吗，有一种名叫香猪的迷你猪非常受欢迎，还被很多人当成宠物来养呢！咦，这真是太不可思议了，猪什么时候成了人们的新宠了？

在我国的广西、贵州一带，有这样一群猪，它们个头小巧可爱，面貌憨态可掬，长着粉红色的皮肤和黑白相间的毛发，看上去非常清秀。在它们身上，我们很难找到与憨厚、蠢笨等传统评价相关的行为。相反，它们活泼好动，很通人性，会认主人，只要主人对它好，它也会以优秀的表现来回报主人。更难得的是，香猪非常喜欢干净，刚出生就知道如厕有专门地点，决不会吃喝拉撒在一起。

当然了，在吃饭方面，香猪仍然保持着传统猪的习性，不挑食、喜杂食，可以吃猫粮、狗粮，也可以吃稀饭、青菜，非常便于饲养。

那么，它为什么被称为香猪呢？原来，这种体形美观的迷你猪是在特

定的环境下长成的，再加上人工的特殊养殖，它的肉质非常香嫩，没有一点腥味，营养价值也非常高，完全符合人们对食品的美味、健康、营养等方面的要求。香猪之名，由此得来，的确是名实相副。

香猪不仅相貌喜人，适合当宠物饲养，还能像警犬一样工作呢！香猪的嗅觉非常发达，甚至比犬的嗅觉还要灵敏好几倍，一旦经过严格的训练，它们摇身一变，就能成为警察的好帮手了。

狗为什么伸着舌头喘气

夏天来了，天气炎热极了，小狗安静地趴在地板上，长长的舌头耷拉在嘴外边，口水流了一地。你是不是吓坏了：小狗生病了吗？其实，小狗什么事都没有，它是在散热呢！

天热的时候，人们汗流浃背，好比水洗一样，但是等汗液排出来之后，微风轻拂，甚至会有凉飕飕的感觉，似乎没有那么热了，这就是人类的散热方式。

当温度升到一定程度，如果不能及时散掉体内多余的热量，无论是人，还是其他动物，都可能发生病变，比如中暑。可是，小狗的身体是不会自动调节温度的，也不会像人们一样通过皮肤排汗来散热，那么作为不耐热的动物，它们是怎样散热的呢？

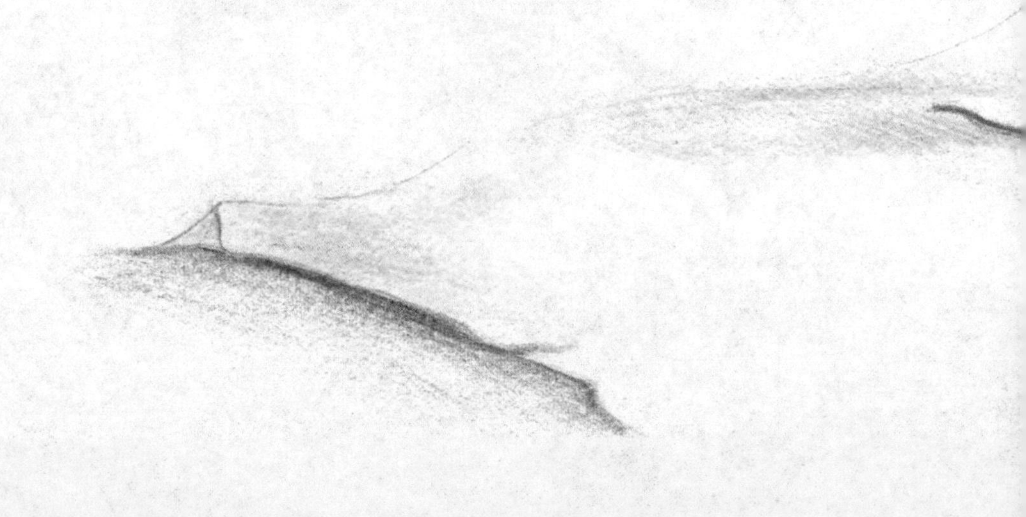

或许你已经猜到了。对，小狗是通过伸出舌头来散热的，因为小狗的汗腺长在舌头上。当气温升高、燥热难耐时，小狗会乖乖地趴下来，伸出舌头，努力呼吸，体内多余的热量会通过舌头上丰富的汗腺散发出去。

不过，有时候小狗也会通过喝水来降温，就像我们通过冰镇饮料和冰激凌降温一样，大量的水有助于小狗保持较低的体温。

还有，短鼻子的小狗比长鼻子的小狗更怕热，因为它散热更困难。

如果你家养有小狗，夏天的时候一定要注意防止小狗中暑哦！

猪为什么喜欢拱地

我们总认为猪很笨，常常用“猪”来形容一个人愚蠢。其实，我们都被它憨厚的外表迷惑了，猪是非常淘气的。不管是把它圈起来，还是自由放养，它都非常不安分，东瞅瞅西看看，南闻闻北拱拱，哼哼唧唧，片刻不停。

那么，你是否注意到一个细节：猪大多时候，除了睡觉，就是在不停地拱来拱去。这是为什么呢？难道有什么秘密？

其实，猪喜欢用嘴巴拱地主要是遗传下来的习惯。

野生的猪是杂食性动物，草根、树皮都是它们的美味佳肴，为了寻找食物，它们不得不经常在土里刨食，用嘴拱地自然也是应有之举了。现在，人工养殖的猪虽然摆脱了温饱的问题，但是它们仍然保持着遗留下来的习性，即便是吃饱了，也经常在地下翻出一些草根、树茎、虫子来吃。

不过，猪也不会像无头苍蝇一样到处乱拱。当你看到它在某处拱地时，说明地下一定有它的“菜”。为什么这么说呢？因为猪的嗅觉非常灵敏，能够清楚地分辨各种食物的气味，所以，它们拱地可是有的放矢呢！

不信你瞧吧，当你听到正在拱地的猪突然发出“哼哼唧唧”的声音时，就说明它已经找到吃的了。“哼哼唧唧”就是因为高兴而发出的信号。

马为什么站着睡觉

说起马，大家一定都不陌生，且不说有没有看到过真马，在电视上应该也见过不少奔驰的骏马吧！可是，你见过马卧下睡觉吗？很少见到吧？马不仅日行千里，还能站着睡觉，甚至有时候还是三条腿站着睡觉呢！神奇吧？那么，马为什么站着睡觉呢？

这要从很久以前的野生马说起了。马属于奇蹄目动物，四肢强健，善于奔跑。它曾经与狼、豹等肉食性野兽共同生活在一望无际的大草原上，那时候已经有了弱肉强食的生存法则了：一方面猎人要追捕野马，另一方面狼、豹也要捕食野马；为了生存，野马需要不停地奔跑。就连没有敌害的时候，它也要站着休息，因为一旦有敌害突然袭击，它可以立即逃走。如果卧下来休息，遭受袭击时逃走的概率就变得非常小。

除了方便逃走，饮食的习惯也决定了它要站着睡觉。马吃饱之后，草料在胃里消化的时候容易产生气体，卧下来会让马感到很难受，而站着休息有利于气体的排出。就这样，马站着休息的习惯就遗传了下来。

这时你会问，马站着睡觉难道不会累吗？当然会了，但是马为了避免疲惫，通常用三条腿休息，两条前腿和一条后腿。当一条后腿站累的时候，它就会换另一条后腿，这样它就能站着休息了。

不仅马，驴子有时候也是站着睡觉的，毕竟，马和驴子的生活习性有很大的相似之处。

斑马身上的花纹有什么用

“小斑马，上学校。黑白铅笔来二道，老师叫它画图画，它在身上画道道。”这首儿歌大家都不陌生吧？你们知道小斑马为什么要在身上画道道吗？它身上的道道有什么作用呢？

斑马生活在原始森林里或者大草原上，那里有十分凶残的狮子、豹子等肉食性动物，时刻威胁着斑马的生存。而斑马身上黑白相间的道道能够不同角度地反射阳光的照射，模糊自己在其他动物眼中的轮廓，达到迷惑敌人的目的。另一方面，狮子等动物的视觉器官并不发达，它们看到的东西大都呈黑白两色，而斑马身上的颜色正好是这两种，这就成了保障斑马

生存的保护色，降低了受到袭击的概率。

细心的人会发现，虽然斑马身上都有黑白两色的道道，但是不同的斑马身上的道道却大有不同。有的密集一些，有的稀疏一些，有的宽一些，有的窄一些，就像人们的指纹一样，它是斑马们独一无二的“身份证”。

另外，这些形形色色的道道不仅能够识别不同的斑马群体，还能帮助斑马散热呢！黑色吸热较快，白色具有较强的反光作用，当强烈的阳光照射在斑马的身上时，就会形成不同的温差，黑白相间的色块正好有利于散热。

还有人说，斑马身上黑白相间的道道还能削弱蚊蝇的视觉，从而减少蚊蝇对斑马的叮咬。看来，斑马在自己身上画上黑白两色的道道还是很有作用的嘛！

牛为什么要反复咀嚼食物

在休息的时候，大黄牛的嘴巴可没停，一直在津津有味地咀嚼东西，这是为什么呢?

原来，牛也是一个急脾气。在吃东西的时候，为了在最短的时间内吃饱，通常还没来得及品尝滋味，就咽进了胃里。

水足饭饱之后，牛趴下来休息时，才会把早先吃进胃里的食物返回嘴里，仔细地嚼碎，再送进胃里进行二次消化，这个过程就叫作反刍。一头成年黄牛，一天要反刍 7 次左右，每次反刍要持续大约 45 分钟。如果牛不能正常反刍，就说明牛生病了。

那么，只有牛才反刍吗？其他动物有没有反刍行为呢?

其实，除了牛之外，羊也属于反刍动物。它们之所以要反刍，重点在

于它们有着奇特的胃室。大多数动物只有一个胃室，但是反刍动物有四个胃室，在吃食物的时候，食物首先到达前两个胃室，并与胃室中的胆汁混合，分解葡萄糖。等吃完食物，食物重新返回嘴中，经过仔细咀嚼，将食物重新分解，送入后两个胃室，最终抵达小肠吸收营养。

骆驼在干旱的沙漠里怎么生存

提起沙漠，我们面前立即会浮现一幅干旱缺水的画面，甚至不敢想象在一个没有水源的地方，人们是如何度日的。可是，就在这种黄沙漫天、缺少水源的地方，骆驼却能够数十天不吃不喝地行走，被人们称为“沙漠之舟”。那么，骆驼到底是怎么在沙漠中生存下去的呢?

这就要说一说骆驼的喝水和节水两大本领了。

骆驼有三个胃室，前两个胃室是骆驼的存水袋。当遇到水源时，骆驼能够放开肚皮，一口气喝下50公斤的水，这些水大都存储在前两个胃室中，供路上慢慢消耗。当然了，有草原的地方它也会美美地吃上一顿，把营养物质储存在驼峰中，供以后消耗。

除了胃室能存放大量的水分之外，鼻子是骆驼节约水分的关键部位。骆驼的鼻子内部是蜗形构造，中间面积大，外缘出口小，这样就增加了呼出气流的面积，达到很好的散热效果。而到夜间的时候，温度降低，它的大鼻孔又可以从外界吸收水分，节省身体内部的水分消耗。

我们知道，天气炎热的时候，人们要通过排汗来散热，而排汗就会消

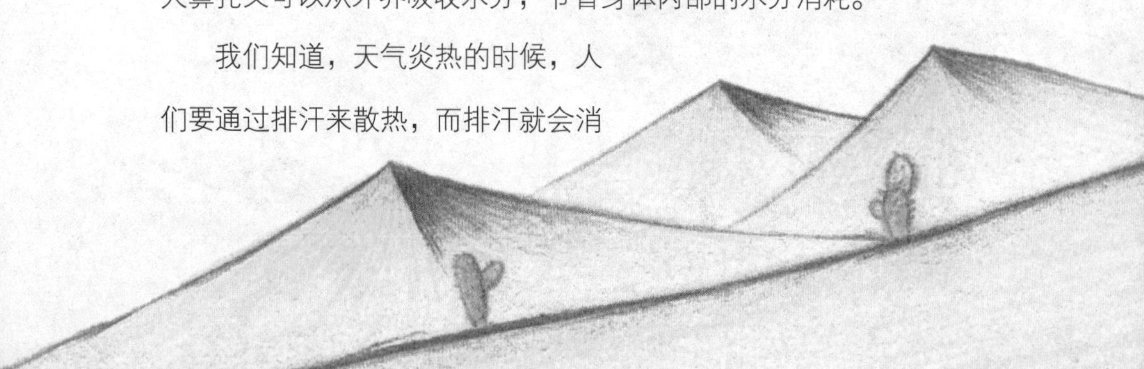

耗体内的水分。但是骆驼很少出汗，只有温度达到 40.5℃以上，骆驼才会出汗，而这个温度，并不是那么容易就能达到的。不仅很少出汗，骆驼还很少撒尿，这样又节省了不少水分。

沙漠中的人一旦缺水，就会导致血液中的水分降低，从而使血液变得黏稠，增加散热难度，持续如此，人会因体温升高而窒息。但是骆驼却不会如此，即便在严重缺水的情况下，也只有在所有器官都失去水分之后，血液中的水分才会丧失，这也是骆驼耐热耐干燥的原因之一。

河马为什么可以长时间待在水里

河马能够长时间地待在水里，就像潜水艇一样，是不是很不可思议？河马又不是鱼，怎么能跟潜水艇一样厉害呢？

其实，河马虽然喜欢泡澡，但潜水的时间却只能维持 5 分钟左右。只是由于它的鼻子长在头顶上，泡在水里的时候经常只留两个大鼻孔在水面上，所以很多人误以为它整天都在潜水。

那么，河马为什么总是待在水里呢？

这要从河马的生活环境说起。河马生活在热带地区，气候非常炎热，只有泡在水里才会舒服一点，所以即便离开了热带，河马还是保留了祖先的生活习性，习惯在水中度日。

遗传方面的因素并不难理解，但是还有一个方面的原因估计是很多人所不知道的，那就是缺乏安全感。河马虽然体型很大，样子也很吓人，但是身上却没有任何防御敌人的武器和技能，因此很多比它小得多的动物都能够攻击它。为了自保，河马不得不整天待在水中，只露出两个大鼻孔呼吸。到了夜间的时候，它才小心翼翼地上岸寻找食物吃。

当然了，河马体型肥大，在陆地上行走很不方便，而长时间裸露在空气中又特别容易导致皮肤出血，这也是河马经常泡在水中的原因之一。

原来，河马也是身不由己啊！

为什么乌龟的寿命那么长

传说中，乌龟是一个很讲诚信的动物，甚至因此感动了玉皇大帝。为了让这种精神能够得到普遍的传扬，玉皇大帝赐给乌龟 500 年的寿命。就这样，乌龟的寿命遥遥领先，成为存活世间最长的动物。

那么，从科学的角度来看，乌龟长寿究竟是因为什么呢？

首先，乌龟有坚硬的龟壳来保护自己。我们经常听到“缩头乌龟”这个词，为什么这样说呢？因为当乌龟遇到外界的袭击时，总能第一时间将自己的头、四肢、尾巴等重要部位收缩进自己的龟壳中，免受外界的伤害。自卫能力如此之强的动物，怎么会不长寿呢？

其次，乌龟非常嗜睡，一年中几乎有 10 个月的时间都在睡觉。而睡觉时的新陈代谢比较缓慢，消耗的能量非常少，这也是它长寿的秘诀之一。

第三，乌龟的心脏机能很强。我们知道，心脏一旦离开人体就会停止跳动，而乌龟的心脏离开龟体之后，还能正常跳动一整天，这也是它能够长寿的一个原因。

第四，乌龟的细胞繁殖代数很强，这与寿命的长短也有一定的联系。

这些都是乌龟长寿的法宝。不过，不同食性的乌龟寿命也有很大不同，一般素食的乌龟要比肉食的乌龟活得更长久。那么，为了保证乌龟的寿命，在喂养乌龟的时候，我们是不是要多喂它素食呢？

青蛙是怎么捕捉虫子的

青蛙是人类的好朋友，能够帮助农民伯伯捕捉害虫，这是众所周知的事情，但是你知道它是怎么快速捕虫的吗?

这都得益于青蛙的两招绝活：快速弹跳、翻舌捕捉。别小看这两个动作，除了青蛙，一般的动物还做不来呢！

我们平时看到的青蛙总是跳着走路，这是因为青蛙的后腿强劲有力，弹跳力非常强。当它发现飞翔的虫子时，就会一跃而起，瞬间用舌头将它卷住，然后吞下肚子。别看青蛙的个头不大，但是跳起来的时候却能够捕捉到离地四五十厘米高的虫子！说到这里，就不得不提一下青蛙的舌头。

青蛙的舌头又软又长，非常灵活，能够自由地伸长和翻转。更重要的是，它的舌头上能够分泌一种黏液，这种黏液可以牢牢地把虫子黏住，使虫子无法飞走。

好了，知道了青蛙是如何捕捉虫子的，你或许又会有疑问了，虫子这

么小，而且是在空中飞行着的，青蛙为什么能够准确无误地捕捉到虫子呢?

这是因为青蛙的眼睛非常厉害，它共有四层视觉神经，这四层视觉神经相互配合，共同作用，即便是在漆黑的夜里，也能够准确地判断出虫子的位置，并迅速地做出捕捉行动。

原来，青蛙也是身怀绝技的啊！为了保护生态平衡，保证庄稼免遭虫害，我们一定要精心保护青蛙哦！

公鸡为什么要打鸣

“咯咯咯！喔喔喔！”你听，大公鸡是不是又在抖着鲜艳的羽毛，精神抖擞地打鸣了？我们都听过很多描述公鸡打鸣的歌谣：“小小公鸡喔喔啼，叫声妈妈早早起，妈妈起来下田去，小小公鸡笑嘻嘻……”那么，你知道公鸡为什么喜欢打鸣吗？

其实公鸡打鸣是有原因的，对内，它是想用浑厚的声音炫耀自己高高在上的地位；对外，它是在提醒其他的公鸡最好不要找自己家眷的麻烦，否则就会有战争发生。因此，公鸡几乎每隔一个小时就会打鸣一次。白天的时候比较热闹，人们很少注意到它

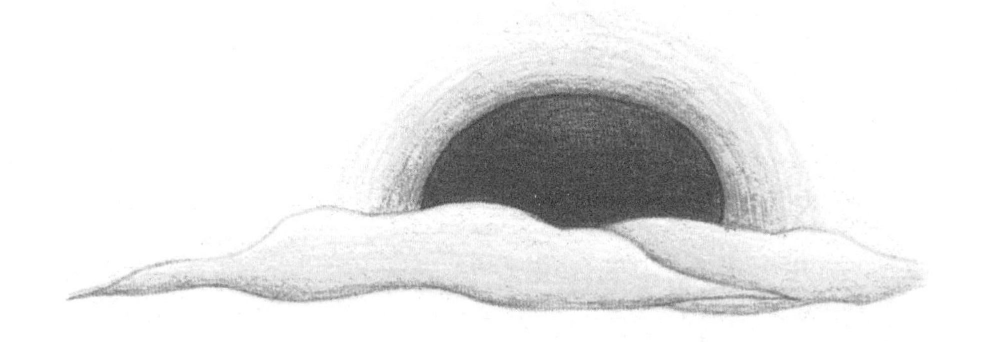

的鸣叫，而黎明时分，人们正处于睡梦之中，世界非常安静，鸡鸣才显得非常响亮。

或许有人会问：每当破晓时分，公鸡总能准时地进行鸣叫，难道它有属于自己的“时钟”吗？的确，在公鸡的大脑中，长着一个叫作“松果体”的东西，能够分泌褪黑素，褪黑素具有催眠的作用。在公鸡睡觉的时候，当有光线射入它的眼中时，褪黑素就会被抑制，此时公鸡就会不由自主地开始唱歌；甚至在月光皎洁的夜晚，有时候公鸡也会受到刺激而鸣叫。

公鸡打鸣和鸡的雄激素也有关，被阉的公鸡和母鸡不会打鸣正是由于它们没有雄激素，如果给母鸡注射雄激素，母鸡也会开始打鸣。

为什么鸭子走路一摇一摆的

鸭子走路像企鹅一样，一摇一摆的样子是不是非常搞笑？要了解个中缘由，需要从鸭子的生活习性去分析。

鸭子的胸和腹部宽而平，浮在水中的时候就像一只小船，而鸭子爱游泳，这也是人尽皆知的事情。我们知道，划船的时候需要用船桨不停地向后拨动水，鸭子游泳也不例外，一方面它的脚蹼像扇子一样大，增加了受力面积，另一方面它需要用宽大的脚蹼向后拨水，才能行驶得又快又稳。长期如此，鸭子的脚就长得越来越靠后了。

鸭子在岸上行走的时候，身体的重心本来是该落在两脚之间的，但是因为双脚靠后，身体的中心又在前边，正常的行走会让鸭子不停地摔跤，所以才不得不让身体后仰，使身体重心落于两脚之间。但是由于鸭子的脚蹼很大，腿很短，所以走路的时候总是一颠一颠的，摆动幅度特别大。

鸭子走路和企鹅走路确实有很大的相似性，其原理基本上也是一样的。

现在，我们不妨设想一下：鸭子和企鹅在一块走路会是什么样子呢？那一定乐翻了。

燕窝是燕子的窝吗

我们经常看到电视上说燕窝是非常珍贵的补品，那么燕窝是什么东西呢？又是怎么得来的呢？它跟燕子的窝有什么联系？为什么被称为上好的补品呢？

其实，燕窝的制造者的确是燕子，不过不是一般的燕子，而是金丝燕。一般的燕子在屋檐下筑巢，窝巢用泥巴、柴草、唾液混合筑成，肯定没法吃，更谈不上有什么营养价值了。

金丝燕搭的窝就不一样了，由于它生活在海岛的悬崖上，尽管窝巢的主要成分也是唾液，但是唾液中的蛋白质成分以及其他营养价值都比较高。另外，海藻、柔软的植物纤维、金丝燕身上的绒毛等都是窝巢的成分。这样的燕窝当然具有很高的营养价值，有补肺养阴之功效，对于患有虚劳咳嗽、

咳血等症状的人来说，是非常珍贵的补品。

天然的燕窝一般生长在临海的悬崖边上，采集起来非常困难，刚采集的燕窝并不能够直接食用，需要经过程序复杂的加工之后，才能成为人们的补品。更重要的是，大规模采集燕窝也不利于生态平衡和金丝燕的生活，我们不应该鼓励这种行为。

好在现在已经有很多人工养殖的金丝燕，基本可以满足人们对燕窝的需求。

燕子为什么喜欢在屋檐下筑巢

“小燕子，穿花衣，年年春天来这里……”春天来了，燕子们成群成群地从南方飞了回来。瞧，它们从来不肯休息一下，都忙碌着搭建新家呢！小燕子风风火火地寻找可以筑巢的地方，确定目标之后，又紧锣密鼓地衔来泥巴和小树枝，和着唾液筑建成结实的窝，然后在窝里铺上柔软的枯草、麦秸、羽毛等，舒服的小家便造好了。咦！燕子的家怎么都建在人们的屋檐下？不怕人们会伤害它吗？

不会！不会！自从燕子住下来之后，庄稼里的害虫都被它吃掉了。几个月的时间里，一只燕子就能消灭掉 20 多万只昆虫，对于庄稼的生长来说是一件非常有益的事情。这样好的伙伴，人们怎么会舍得伤害它呢？人们不仅不在意燕子弄脏屋檐下的地面，还认为有燕子住在家里是一件非常吉利的事情呢！这也是燕子喜欢在屋檐下筑巢的一大原因。

除了人们喜欢之外，燕子在屋檐下筑巢也是出于安全方面的考虑。鸟类筑巢产卵主要是为了生儿育女，繁殖下一代。在屋檐下筑巢既能躲避风吹日晒，生活舒适，又能免遭一些天敌，如猫等的袭击，安全性非常高。同时，它还能在很短的时间内找到很多的食物——昆虫。有如此多的好处，燕子当然愿意在屋檐下筑巢了。

不过，上面我们说的都是家燕，有很多野生的燕子也在山崖里筑巢，只是我们很少去关注罢了。

园丁鸟是鸟中的园丁吗

园丁这个词儿，我们一定不陌生，它既是对老师的尊称，也是对灌溉花草树木的人的称呼。可是你知道吗？世上真的有一种叫作园丁的鸟呢。那么，拥有这么奇怪的名字，它们真的是鸟中的园丁吗？为什么人们称它为园丁鸟呢？

在澳大利亚东部的沿海森林中，生活着一种外表华丽的鸟类，有着银铃般的叫声和高级工程师般的建筑技术，它们就是园丁鸟。这种鸟非常有意思，雄鸟大多长着黑色的羽毛，有着绅士般的风度，雌鸟则长着黄绿相间的羽毛，看上去像一个贵妇人。正因如此，它们的求偶方式非常特殊：雄鸟只有用树枝搭建一座华丽的鸟巢之后，才有资格向雌鸟求爱。

假如一只雄鸟有心仪的对象，为了掳获她的芳心，便会建造一座精致美观的房屋：以树枝为主要材料，用漂亮的羽毛、花朵、蜗牛壳、好看的小植物等作为装饰品，甚至在条件允许的情况下，它们还会找到一些透明的玻璃、光彩的瓶盖、漂亮的碎布等安放在合适的地方。总之，它们会想尽一切办法来把小窝搭建得漂亮美观，以此吸引雌鸟的眼球。

当精心建造的家园完工之后，它们会带着

雌鸟来参观，同时还用献舞的方式讨人家的欢心。如果雌鸟被雄鸟的诚心打动了，她就会与雄鸟交配。

这么会建造家园的鸟儿，你见过吗？现在你们知道为什么这种鸟被人们称为园丁鸟了吗？

信鸽为什么能送信

你看过《战鸽快飞》这部动画片吗？片中的信鸽虽然身材瘦小，但是它们勇敢坚毅，最终历经重重磨难，赢得了止邪之战的胜利。你是不是有一些好奇呢？鸽子为什么能记得这么远的路？其他动物不能充当信使吗？

其实，鸽子之所以能够记得遥远的路，与它自身的生活习性和生理机能是分不开的。首先，鸽子的记忆力很好。不管飞行速度多快，鸽子都能在飞行的途中把经过的路程记下来。其次，鸽子属于那种很恋巢的动物，一旦从自己的生活地飞走，不管多远，它都有飞回居住地的决

心。第三，鸽子的两只眼睛之间有一个小突起，是鸽子的“导航仪”，可以测量到地球磁场的变化，帮助鸽子找到正确的方向。

除了这些外，鸽子还具有科学家们目前无法解释的能力：根据天体识别位置的能力。鸽子可以根据太阳、星星、月亮的位置来判断方向，而且，鸽子还能够根据体内生物钟对天体的移动进行相应的时间校正。

你看，小小信鸽，体内可是隐藏了大秘密呢。

猫头鹰飞行时为什么没有声音

老鼠是一种非常狡猾的动物，它们体型小巧，反应灵敏，并且有着异常敏锐的听觉和观察力。可是，就是这样一种小心谨慎的动物，却仍然无法躲开猫头鹰的捕捉。这是因为猫头鹰在飞行的时候几乎没有任何声音，很难引起老鼠的注意，攻其不备，抓住老鼠自然不在话下。

那么，被人们誉为自然界的“隐形飞行器”的猫头鹰是怎么飞行的呢?为什么它们飞行的时候没有声音呢?

猫头鹰在进化的过程中，羽毛结构与其他鸟类的羽毛结构相比发生了很大的变异。我们知道，很多鸟类的羽毛摸上去很平滑，这是因为它们的羽毛是同一方向分布的，而猫头鹰羽毛的分布是没有规则的，有很多软毛和细毛都是垂直的，这样可以减少飞行时的摩擦力，从而降低因空气摩擦而产生的声音。

另外，猫头鹰翅膀的边缘呈现出流苏状的构造，这种构造有利于减少在飞翔时所遭受的气流压力，从而降低阻力。同时，猫头鹰的羽毛表面布满了柔软的羽毛，这些羽毛本身就有吸收噪声的作用。

或许你还不知道，飞机降噪设置等都是根据猫头鹰的特殊羽毛结构而发明的呢！实际上，有很多伟大的科学发明都是受动物的启发。大家可以想一想，还有什么东西是依照动物的特殊特性而发明出来的呢?

蜇人以后蜜蜂会死掉吗

“两只小蜜蜂啊，飞在花丛中啊，左飞飞，右飞飞，飞啊飞啊……”

蜜蜂一直是勤劳者的象征，很少主动向人们发动攻击。不过如果有人故意追赶它、捕打它，或者当它闻到刺激性的气味（如酒精、蒜味等），或者看到不喜欢的颜色（如黑色等）时，也会向人们发起进攻。但是它的进攻可能要付出很大的代价的：那就是死亡（一般指工蜂）。为什么这么惨烈呢?

原来，蜜蜂是用尾端的蜂刺来蜇人的，而蜂刺是由工蜂的产卵器演化而来的。蜜蜂的产卵器是由 3 个产卵瓣组成的，因此蜜蜂尾端的刺针是由 3 个刺针共同作用组成的，它们分别与素腺和内脏相连，并且刺针的末端带有倒钩。当蜜蜂为了自卫而蜇人时，蜂刺会插入人们的皮肤，分泌毒液，同时由于蜂刺尾端带有倒钩，并与蜜蜂内脏相连，蜇人后，蜜蜂在用力逃脱的过程中，不仅拔不回嵌入人体中的刺针，还会将自己的内脏给拔出来，不久之后，它就会死去。也正因为如此，蜜蜂很少动怒，拿自己的生命去开玩笑。

但是蜂王和雄峰不会出现这样的情况，因为蜂王有两个刺针，其中一个是与身体分离的，它的作用是和老蜂王竞争，夺取王位；另一个就是产卵器了，是用来繁殖后代的。而雄峰没有产卵器，也就没有蜂刺，所以没有办法蜇人。

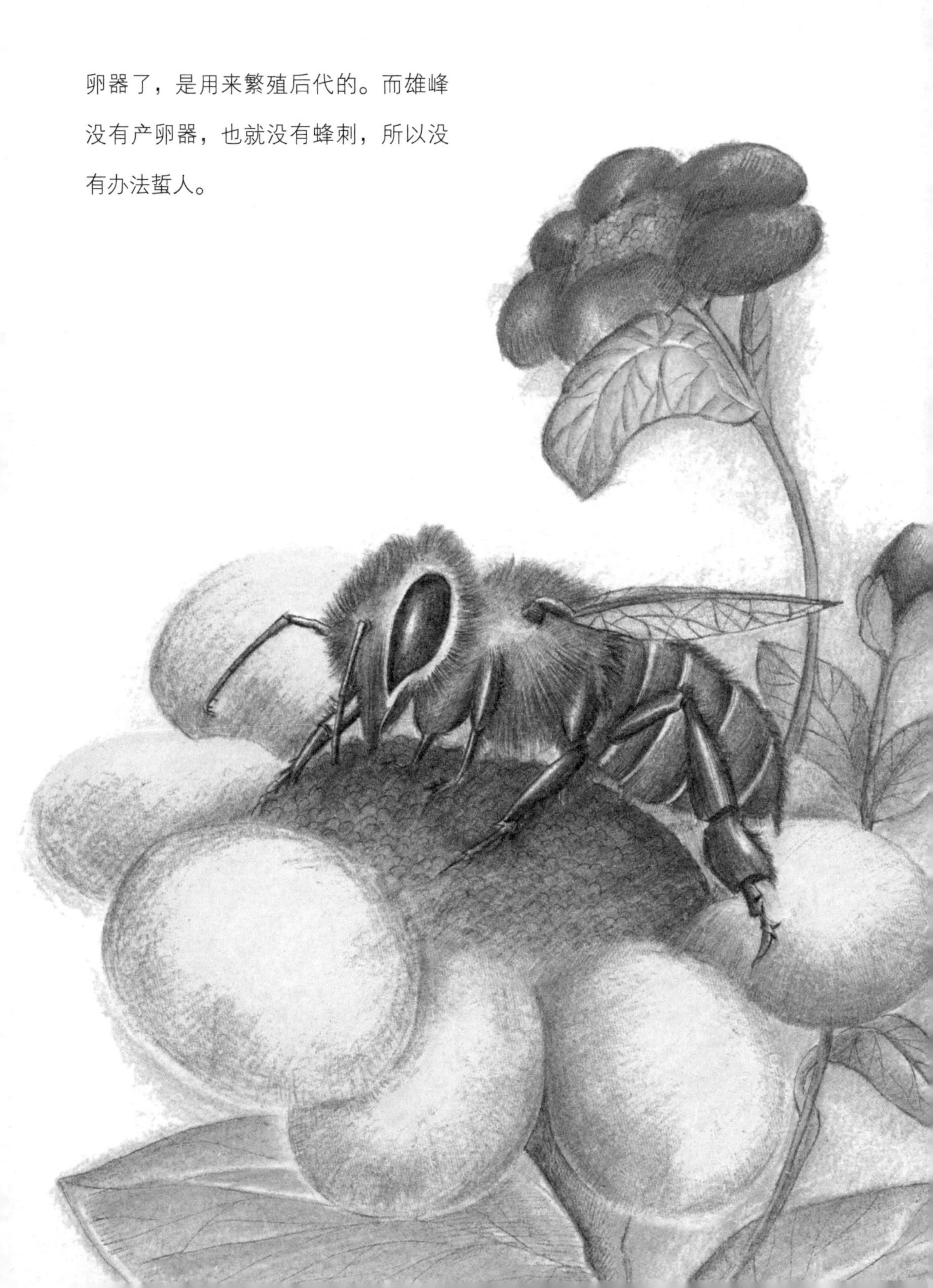

为什么蚕吃绿叶却吐白丝

这是一个有趣的现象：牛吃青草，但是挤出来的却是牛奶；蚕吃绿叶，吐出来的却是白丝。自然界有很多类似的现象，我们都习以为常，那么你有没有思考过其中的原因呢？

其实，树叶之所以是绿色的，是因为树叶中含有叶绿素。桑叶中含有很多种营养成分，如蛋白质、糖类、脂肪、纤维以及其他矿物质，这是蚕赖以生存的基础。当蚕吃进这些东西之后，会将绿叶中的叶绿体转化成葡

萄糖以获得能量，同时由于新陈代谢的作用，还会把没有用处的废渣给排出来，而营养成分则被吸收变成丝吐出来。由于桑叶中蛋白质的含量比较多，所以蚕吐出来的丝大都是白色的。不信你可以用火点一下，它会发出一种特别的臭味，这种气味的主要成分是氨。

养过蚕的人知道，有时候蚕吐出来的丝并不是一根细丝，而是两根并排组成的纤维，这又是怎么回事呢？

原来，每一个蚕身上都有一套完整的吐丝系统，主要由丝腺体和吐丝泡组成。一只成熟蚕虫的丝腺体是由两列细胞组成的，它们与储存丝液的袋状囊相连接，当蚕头部的挤压器开始挤压时，蚕头上的肌肉通过不停的伸缩来将丝液压出来，丝液与空气一接触，便会形成细长的丝。而吐出来的丝，有时候也会出现两条纤维的情况。

怎么样，是不是觉得蚕宝宝很有趣啊？

2 最奇特的动物

zuì qí tè de dòng wù

蝙蝠是哺乳类还是鸟类

蝙蝠有翅膀、会飞翔，似乎算得上是鸟类，但是它们没羽毛、不生蛋，似乎又有点像哺乳类。那么，蝙蝠究竟算是鸟类，还是哺乳类呢？想要弄清楚这一点，我们得先了解鸟类和哺乳类的主要区别是什么。

鸟类的嘴都是角质的，口腔内也没有牙齿，这是为了减轻身体的重量，以利于飞行。另外，在鸟类的消化系统中有嗉囊和砂囊，嗉囊可以储存谷物，砂囊能够磨碎食物，以弥补没有牙齿的缺憾。反观蝙蝠，它的口腔内有细

小的牙齿，也没有嗉囊跟砂囊，所以它跟鸟类是完全不同的。

事实上，蝙蝠算是一种小型的哺乳类，它虽然不像大型哺乳类用四肢在陆地上行走，但它确实有四肢，只是前肢已经退化，而在前、后肢间生有一层薄翼，也就是我们印象中蝙蝠的翅膀，不过它的翅膀却和鸟类的翅膀有着完全不一样的构造。

蝙蝠的身上跟其他的哺乳类一样长有软毛，而蝙蝠是胎生的，因此就连刚出生的小蝙蝠，也会背伏在母亲身上吮吸母乳，这跟卵生的鸟类更是截然不同的。

因此，蝙蝠不仅是货真价实的哺乳类，而且是唯一一类演化出真正的飞翔能力的哺乳动物。

蝙蝠为什么倒挂着睡觉

自然界有很多神奇的生物，它们拥有我们无法想象的生存技能和生活习惯，蝙蝠就是其中之一。你知道吗，蝙蝠平时都是倒挂在山洞里或者树上，就连睡觉，也始终倒挂着。是不是很不可思议呢?

蝙蝠之所以能倒挂着睡觉，与它的生活习惯是密不可分的。这里所说的生活习惯指的是动物为了能在残酷的大自然环境中更好地存活下去，而衍生出来的一些特别的生活习性。我们知道蝙蝠尽管长着翅膀，却是哺乳动物的一种。它们的翅膀上长着宽大的翼膜，就连短小的后脚也被这些翼膜所覆盖，因此，当它们落在地面上的时候，会因为翼膜过于宽大而紧贴地面，导致无法在短时间内站立，更无法在遇到危险时尽快起身飞翔。

经过长时间的自然进化，蝙蝠选择了将自己挂在树梢上，不仅能有效防止天敌的袭击，还能在第一时间展开翼膜起飞。

此外，倒挂在树上睡觉，还有利于蝙蝠的血液循环。

如此看来，无论是日常休息，还是漫长的冬眠，蝙蝠始终牢牢悬挂在树上，其实是生物适应自然的典型体现。在辽阔的自然界中，类似的奇闻异事还有很多，有待我们一一发掘。

藏羚羊为什么叫“独角兽”

藏羚羊生活在我国美丽的青藏高原上，印度北部地区也有分布。它们全身被棕色的皮毛覆盖，完美地与高原的背景色融为一体，不易被敌人发现。它们生性胆小，远远见到有人、有车，会很快跑开，不一会儿便消失在你的视线里。藏羚羊特殊的鼻腔构造为它们在空气稀薄的高原上高速奔跑提供了方便。有人说，它们就像是生活在高原上的一群精灵，羞涩而又可爱。

藏羚羊与很多野外生存的动物一样，喜欢群居生活。春夏时分，它们常常在向阳的山坡上活动；到了秋季，为寻找食物和水源，它们在高原上四处游荡；寒冬腊月，它们只好躲在水草相对丰茂的山谷里。但是，它们与众不同的地方是：公羚羊和母羚羊喜欢分开活动，只有在10月份的时候，才会聚集在一起。原来，每年10月份是藏

羚羊繁衍后代的时期，它们会选择这个时候在平滩上聚集。

不管在任何时候，只要遇到藏羚羊群，细细观察总能发现它们的转移很有纪律性。一般情况下，成年羚羊负责领头，青壮年羚羊殿后，相对老弱病残的位于队伍的中部，这个次序不管在多么紧急的情况下都不会改变。到了队伍休整的时候，大家会很有默契地在地面刨出小坑，然后蜷缩身体卧在里面。雄羊的角较母羊长一些，卧下来会有一部分露出坑外。它们低头吃草的时候，从侧面看人们往往只能看到其中一只角，所以又称其为“独角兽”。

为什么夏天才能看见梅花鹿的花纹

梅花鹿棕色的皮肤上点缀着白色的如同梅花般的花纹，像是穿上了一件漂亮的迷彩服。东北的落叶层与枝干颜色多为这种，而且阳光经由树叶缝隙散落下来的光斑与梅花鹿身上的白色圆点非常相似。因此，梅花鹿站在丛林中一动不动的时候就很难被发现。然而，梅花鹿身上的花纹也只是夏天的时候才能看到，其他时间很难看到，这是为什么呢?

我们经常会换衣服，梅花鹿虽然没有衣服，但是每年却会换两次毛。当然了，它们换毛可不是单纯为了好看。一般情况下梅花鹿的毛分为冬毛和夏毛。当它们由冬毛换成夏毛的时候，一部分皮毛中含有的白色素增多，因此形成白色的斑。再加上此时的皮毛比冬天薄了不少，这些白斑很容易被看到，这就是人们眼中梅花一样的花纹。相反地，当它们从夏毛转换成冬毛的时候，皮毛变厚，白斑减少，花纹因此变得模糊。

其实，不仅仅是梅花鹿，还有很多动物身上的皮毛也会随着季节变化

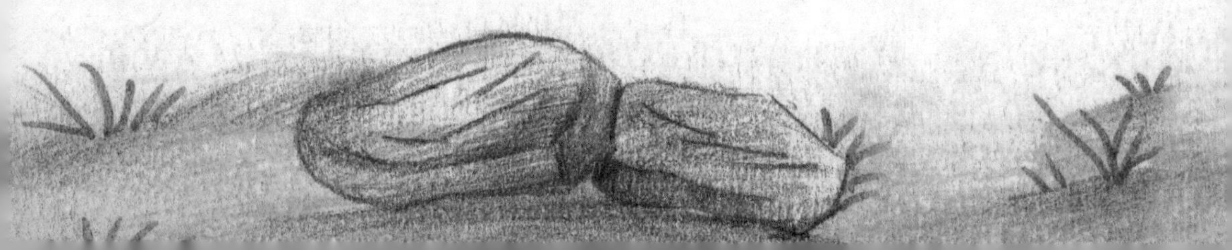

而更换。当天气转凉，它们的毛会逐渐变得厚实，而随着天气回暖，它们的毛会自动脱落。梅花鹿的毛帮助它们舒舒服服地度过春夏秋冬。

长颈鹿的脖子为什么那么长

长颈鹿主要生活在非洲一带，它们是现在世界上存有的最高的陆生动物，最高的长颈鹿能长到 6 米呢，相当于两层楼房那么高。当然，为长颈鹿的高作出最大贡献的，当属它们的脖子。提到长颈鹿，我们也总是会先想到它们独特的长脖子。事实上，长颈鹿的祖先们并不像今天这副模样，至少，它们的脖子远没有今天长。

在很久很久以前，地球上水草丰茂，长颈鹿的祖先们抬起头便能吃到它们最喜欢吃的树叶。但是，好景不长，在某段时期内，地球的环境逐渐发生了变化。树木越长越高，树叶也离地面越来越远。为了吃到树叶，长颈鹿的祖先们只好拼命地伸长自己的脖子。后来，那些短脖子的长颈鹿逐渐饿死了，脖子越长的长颈鹿越容易存活下来。随着时间的推移，长脖子的种族渐渐地将这种特点遗传给了下一代。

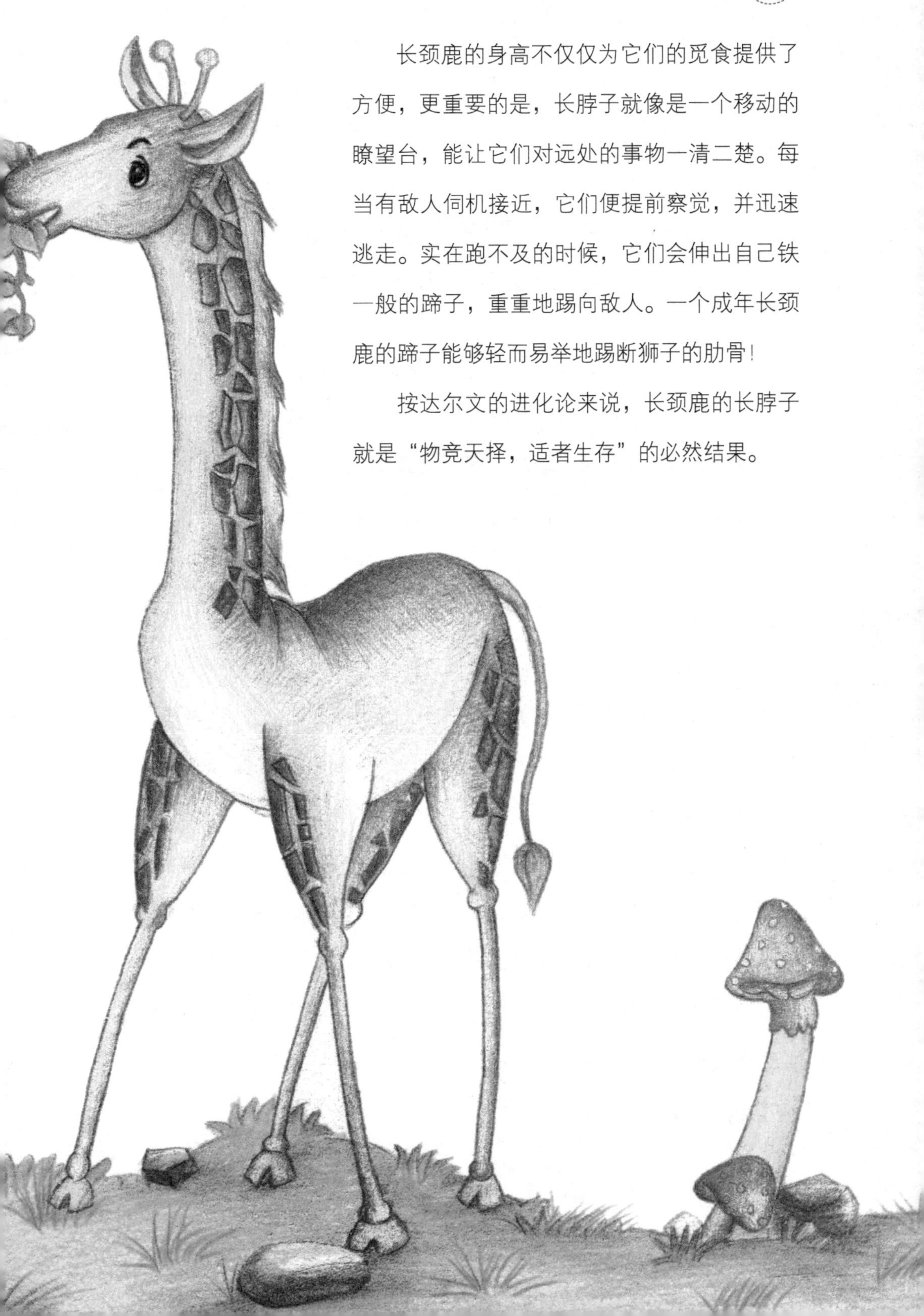

长颈鹿的身高不仅仅为它们的觅食提供了方便，更重要的是，长脖子就像是一个移动的瞭望台，能让它们对远处的事物一清二楚。每当有敌人伺机接近，它们便提前察觉，并迅速逃走。实在跑不及的时候，它们会伸出自己铁一般的蹄子，重重地踢向敌人。一个成年长颈鹿的蹄子能够轻而易举地踢断狮子的肋骨！

按达尔文的进化论来说，长颈鹿的长脖子就是“物竞天择，适者生存”的必然结果。

为什么熊猫又被称为猫熊

大熊猫已在地球上生存了至少 800 万年，被誉为“活化石”和“中国国宝”，是世界自然基金的形象大使。作为世界上最珍稀的物种之一，憨态可掬的大熊猫不仅是小朋友梦寐以求的超级萌宠，更是备受全球关注的动物超级明星，所到之处，总能赢得一片欢呼。2008 年，大陆送给台湾同胞两只大熊猫，引起宝岛轰动。不过在台湾，熊猫并不叫熊猫，而是叫猫熊，这又是怎么回事呢?

按照生活习性来讲，熊猫的习性与熊更为接近，因此，熊猫称作猫熊也更合适，意思是像猫咪一样的熊，只不过长得有几分像猫罢了。严格地说，熊猫其实是错误的命名。那么，这个错误是怎么造成的呢? 这中间还有一个有趣的小故事。

新中国成立前夕，重庆涪陵博物馆向外界公开展出一只熊猫标本，在标本的说明牌上自左向右横着写下“猫熊”二字，但是按照当时还未完全更正的读法，人们习惯性地像以前一样从右向左读作“熊猫”。再加上在场的记者在报道中也采取了这样的读法，经过报纸的宣传，“熊猫”一词便广为流传。时间一长，人们也读习惯了，即便是现在已经知道熊猫的正确读法，也只好将错就错了。

那么，科学家为什么将大熊猫定名为猫熊呢？这是因为它的祖先与熊的祖先相近，都属于食肉目动物，因此从这个意义上来讲，大熊猫叫作猫熊更合适呢。

后来熊一直保持着肉食习惯，而大熊猫却弃荤食素，最爱翠竹。这是为什么呢？据科学家研究，大熊猫远祖全是肉食动物，后来，由于寻不着肉食，只能吃漫山丛生的竹子，代代相传，也就养成了吃竹子的习惯。

袋鼠的大口袋有什么用

“小呀小袋鼠，摘呀摘果子，果子装进大袋子……”这是一首脍炙人口的儿歌，很多人都会唱，大口袋也成了袋鼠最显眼的标志。不过，并不是所有袋鼠都有大口袋的，只有雌性袋鼠才有。而且，大口袋的最大用途并不仅仅是用来装水果，还是袋鼠宝宝的育儿袋。育儿袋里长有四个乳头，小袋鼠们在妈妈的大口袋里完成最初的成长，直到它们有足够的力气在大自然里存活为止。

或许有人要问：“既然是胎生的动物，还要育儿袋做什么呢？”其实，胎生的袋鼠并不像其他的哺乳动物那样拥有胎盘，小袋鼠没办法在母体内完全发育，只能利用育儿袋完成生长。一般情况下，袋鼠妈妈怀孕四到五个星期后就会生下袋鼠宝宝，此时的袋鼠宝宝小得像铅笔头一样，它们的毛还没有完全长出来，眼睛也没办法睁开，完全不具备独立生活的能力。

初生的小袋鼠依靠着自己灵敏的嗅觉，艰难地爬进育儿袋。经过四个月的哺育，小袋鼠的毛才能长齐，灰色的新皮毛让小袋鼠看起来非常漂亮。到了第五个月份，小袋鼠会调皮地探出头，袋鼠妈妈一旦发现便会严厉地将它的头按回去。长大后的小袋鼠越来越淘气，有时候甚至会在袋鼠妈妈的育儿袋里拉屎撒尿，袋鼠妈妈只好勤快地清扫。七个月大的袋鼠已经可以下地活动了，但是一旦受到惊吓，它们还是会在第一时间跳回袋子里。

原来袋鼠的大袋子不是装饰品，也不是水果箱，而是用来养育幼儿的！

考拉为什么喜欢睡觉

憨态可掬的考拉是一种非常喜欢睡觉的动物，每天的睡眠时间大约为18～22小时。就这样，它们每天睡呀睡，经过漫长的年月，如今尾巴已经退化成一团厚厚的坐垫了。那么，考拉为什么总是一副看起来睡不醒的样子呢？

考拉是根据英文Koala bear音译过来的，这个单词的英文发音来自于古代的土著文字，意思是“不喝水”。的确，它们只会在生病或者是干旱的情况下喝水。白天，考拉抱着树枝睡大觉，晚间出来觅食，在树上爬上爬下，寻找桉树叶子充饥。这种叶子汁多味香，考拉存活所需的90%的水分都来自于它，时间一长，考拉的身上也因此散发出馥郁清香的桉叶香味。

考拉的胃口极大，并且非常挑食，它们一生几乎都是依靠桉树的叶子存活。而且在700多种桉树中，它们肯食用的叶子只有12种。然而，随着可食用的叶子越来越少，再加上单一食物提供的营养成分有限，它们不得不减少自己的活动量，通过长时间的睡眠来储存更多的热量。另外，桉树叶不仅提供不出更多的营养物质，反而含有毒素。一只成年考拉每天要吃掉1千克左右的桉树叶，虽然考拉的肝脏异于常物，能够分解掉一部分毒素，然而，它们依然需要通过长时间的睡眠来进行进一步的消化分解。

考拉还非常喜欢晒太阳，能够懒洋洋地在阳光的沐浴中睡觉，是它们最开心的事情。所以，我们看到的呆萌的考拉都是喜欢睡觉的大懒虫。

树懒身上为什么会长植物

在神秘的亚马逊热带雨林中，有这样一种动物，它们每天会在树上待上十七八个小时，并以此为乐，因此被叫作树懒。常听人把慢吞吞的动物比喻成乌龟，其实树懒的行动速度比乌龟还要慢。树懒并非没有脚，但是它的脚只是摆设，没有实际功能。它们真正的行走只好依靠前肢拖行。一般情况下，1 公里的路它们差不多要“走”上半个月！

不仅如此，终其一生，树懒都不愿见到阳光，仅仅以树为生，用枝叶、果实果腹，吃饱了就卧在树枝上睡觉。但是，如果你以为它们的生活只围绕着吃与睡展开，那可真是小瞧它们了。树懒甚至连这两件事都懒得去做。它们懒得吃东西，但它们的身体却非常耐饿，有时候可以一个月不吃东西。它们也懒得去玩耍，不得不挪动的时候，还会表现得非常不耐烦。

更让人觉得不可思议的是，树懒因懒惰成性以至于它们的身上都长满了植物。刚出生的树懒体毛呈现灰色，并且很长。但是由于常年不活动，一些不知情的植物把它们的皮肤当成树干，而一些植物也会生长在它们皮

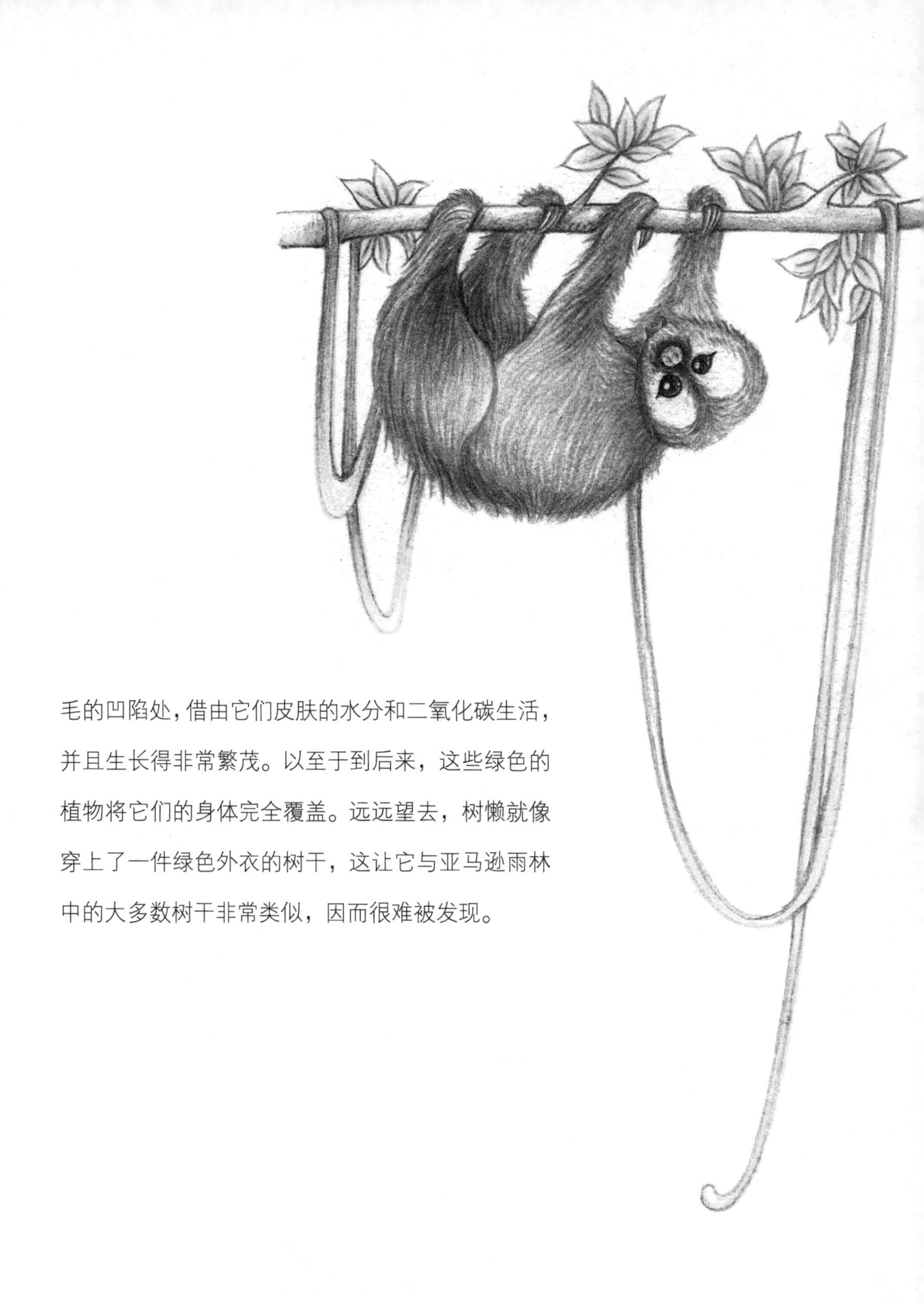

毛的凹陷处，借由它们皮肤的水分和二氧化碳生活，并且生长得非常繁茂。以至于到后来，这些绿色的植物将它们的身体完全覆盖。远远望去，树懒就像穿上了一件绿色外衣的树干，这让它与亚马逊雨林中的大多数树干非常类似，因而很难被发现。

眼镜猴的眼睛为什么这么大

眼镜猴也是猴子的一种，是世界已知的最小猴种，个头如同家鼠一般，眼睛的直径却可以长于 1 厘米，每只眼睛重达 3 克，比它们的脑子还要重。在这样小小的脸庞上，两只圆溜溜的大眼睛让它们看起来特别不真实，就像戴了老式老花眼镜一样。因此，人们给它起了一个十分形象的名字：眼镜猴。

眼镜猴的眼睛非常敏感，在休息的时候还会睁着一只眼睛及时捕捉外界的变化。眼镜猴的大眼睛为它们的夜间生活提供了非常大的方便，再加上很多生物在夜间的敏感度大大降低，使得眼镜猴能够在最短的时间内发现猎物，并且很快将它们尽收囊中。眼镜猴是世界上唯一不吃植物的灵长类动物，它们捉各种小昆虫、青蛙、蚂蚱、螳螂、蜥蜴等。有一种眼镜猴甚至可以去捉比自身体积大的鸟和毒蛇。

眼镜猴的幼仔刚出生就已经发育得非常好，皮毛已经很厚实，就连眼睛都是睁开的。它们刚落地便会爬行，爪子能够很有力地抓住妈妈的皮毛。如果它们需要走很长的路，母猴会先将幼仔衔在嘴里。眼镜猴还有一个非常神奇的地方：它们的头几乎可以绕着脖子转上一圈，这一点不仅有利于它们尽快发现猎物，还能帮它们迅速避开敌人。

大多数的猴子家族都喜欢群居，可是对于眼镜猴而言，虽然体型单薄，它们却更喜欢单独行动，仅在很少的时候成对栖息。

看来眼镜猴还是一种孤僻的动物呢！

眼镜猴寿命在 15~20 年，而且极其恋乡，离开了故土就会死去。在菲律宾人们试图将它们带到其他地方喂养，均以失败告终。

由于菲律宾的森林越来越少，眼镜猴失去适合栖息的环境，因而数量越来越少，已成为濒危动物了。

为什么壁虎尾巴断了还会长出来

夏天的傍晚，常能看到壁虎一动不动地躲在墙壁上，伺机捕捉飞过的蚊子、苍蝇、蛾等飞虫。突然，一只毒蝎子悄悄地靠近了它，当壁虎感觉到敌人进犯的时候为时已晚，它拼尽全力才得以逃脱。尽管性命无忧，但是尾巴却断了。甚至有时候为了逃避捕捉，壁虎不等别人动手，就会自断尾巴。不过不用替它担心，断了的尾巴过阵子还会再长出来的。

原来，尾巴断掉是壁虎逃脱敌人的一种本领。壁虎的尾巴在脱落初期，因为神经与肌肉并未完全坏死，还会在地上颤动，能够有效地转移敌人的视线，有助于壁虎安全逃脱。新生出来的尾巴比以前颜色略浅、略短。当看到一条尾巴有些短、尾巴颜色有点浅的壁虎时，我们可以猜测它不久前曾经死里逃生。

每种动物的生理功能都不一样，断尾再生的功能就是由壁虎的生理功

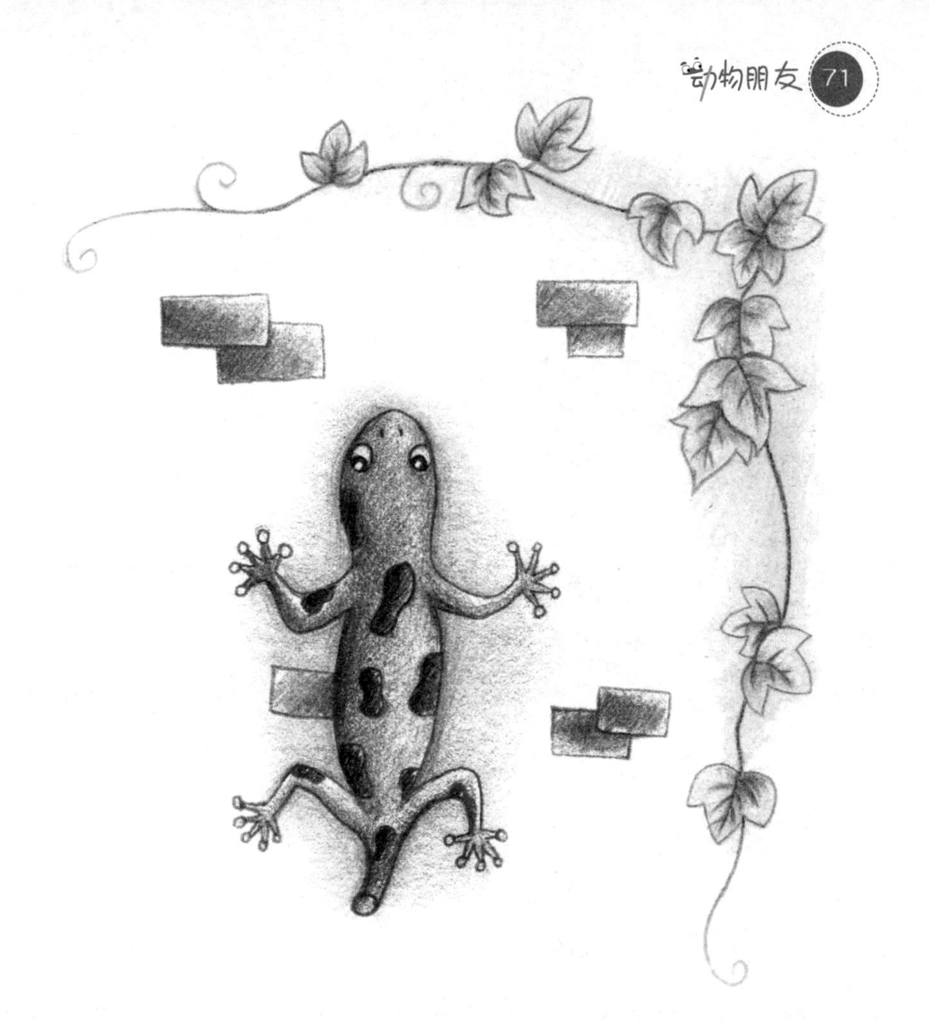

能决定的。在壁虎的身体内，有一种激素，这种激素能帮助壁虎长出新的尾巴。更为神奇的是，这种激素只有在壁虎需要长新尾巴的时候才发挥作用，当新尾巴完全长出来以后，这种激素便停止分泌。科学家们一般认为这种激素是成长素。

这个道理我们可以这样理解：比如我们身体上的毛发、指甲等附着物，它们含有成长素，因此能重新长出来；而指头、鼻子、嘴巴一旦受到伤害就长不出来了。壁虎的尾巴就像我们身体上的毛发和指甲，因此可以再生。

变色龙为什么会变色

我们从一些影视作品中常常看到，战士们作战的时候会穿上迷彩服，这种特别的衣服能够让他们与丛林里的树木看起来很相似，从而不易被敌人发现。可是世界上有一种动物，居然更加神奇，它们不仅能像战士们一样隐藏自己，而且还会根据环境自行变换颜色，它们就是大名鼎鼎的变色龙。

变色龙身处绿色的草丛中时，全身的皮肤会变成绿色；当它们在泥土中爬行的时候，皮肤就会变成土黄色；当它们经过红色的花丛，又变成红色。它们为什么能够这么变换自如呢?

这是因为变色龙的皮肤内含有三层色素细胞，这些色素细胞中包含了红、绿、黄等颜色。当变色龙的眼睛受到外界光线的刺激，神经中枢便会立刻分析出周围的颜色，随后很快作出反应，根据环境的需要变换出不同皮肤的颜色。例如：变色龙皮肤内的绿色素受到绿色的刺激，立刻伸展到皮肤的表皮细胞内，其他的颜色则很识趣地收缩成点状，这样变色龙的皮

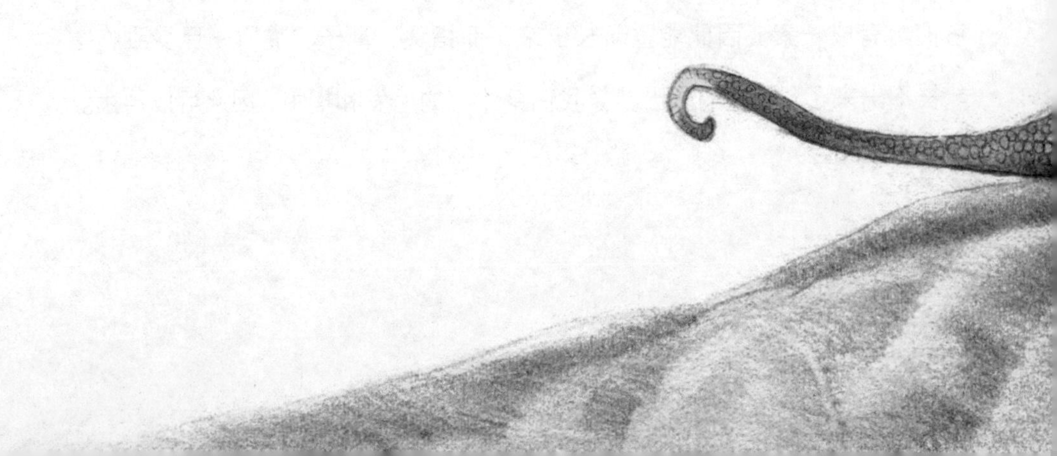

肤就变成绿色的了。

当然，除了我们上述讲到的环境因素，导致变色龙会变色的因素还有很多，比如光线的强弱、感情的变化等等。但是，如果我们切断变色龙的中枢神经，它们就不会变颜色了。归根结底，变色龙能不能变色还是由它的神经系统来决定的。

为什么娃娃鱼会哭

盛夏的夜晚，山涧里泉水叮咚，虫嘶鸟鸣，好似一幅泼墨山水画。忽然，婴儿般的啼哭声穿透空气，久久不散，回荡夜空，画卷中的气氛霎时有些凝重，散发出诡异的色调。山涧里怎么会有婴儿的啼哭呢?

原来，啼哭的并非婴儿，而是一种叫作娃娃鱼的动物。娃娃鱼的学名叫“大鲵”，是世界上最大的两栖动物，在我国有些地方甚至发现了长达 1.8 米的娃娃鱼。它们既可以像鱼一样生活在溪流里，也可以藏匿在溪流中的石头下。我们听到的所谓哭声，并不是娃娃鱼在哭，而是它们的叫声，只不过与婴儿啼哭非常相似罢了。因此，人们习惯性地管它叫娃娃鱼。虽然它的俗名里带着一个鱼字，然而它却并非鱼类，这一点我们一定不能弄错。

娃娃鱼是一种非常古老的动物，两亿年前，它们的身影就已经在地球上出现了。在漫长而又残酷的野外生活中，娃娃鱼的适应能力也发生了变化。

它们常常昼伏夜出，出其不意地捕捉垂涎已久的美食，尤其喜欢鱼、虾、蟹、蛇、鸟类和蛙类等动物。

但遗憾的是，娃娃鱼的牙齿只能用于捕食，而不能用来咀嚼，它们只好将食物囫囵吞下，由胃来承担主要的消化功能。加之它们并不爱运动，消化能力很差，一只小小的青蛙也要十多天才能完全消化，缓慢的新陈代谢让它们的耐饥饿能力非常出众。一只成年娃娃鱼每天只需要很少的食物，而且还不用每天进食。

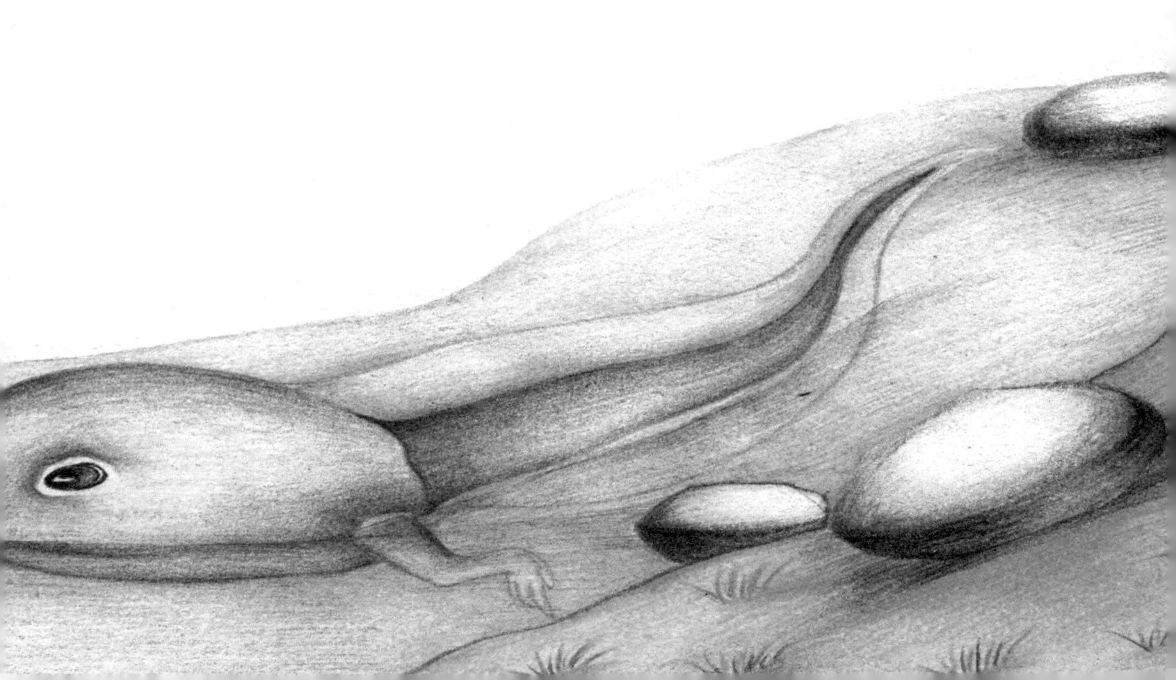

蝾螈的视力为什么不太好

你在水族馆里见过蝾螈吗？它们长着四只脚，还有大大的尾巴，样子憨头憨脑的，非常可爱。蝾螈是一种长得和蜥蜴相似的两栖动物，不过它们的体表没有长鳞片，皮肤软软的、滑滑的，是一种很好看的观赏动物，有很多人将它们当作宠物养在家里。

大多数蝾螈生活在相对暖和的地方，以淡水和沼泽地区为家，主要依靠体表的皮肤来吸收水分。当温度下降到 0℃以下的时候，它们会误以为是冬天来了，而准备进入冬眠状态。

论资排位的话，蝾螈的辈分可大得很呢，它们与早已灭绝的恐龙属于同一个时代的动物。在侏罗纪时期，蝾螈家族非常庞大，然而到今天存活下来的蝾螈种类已经不足 400 种了。

蝾螈大致可以分为陆蝾螈和水蝾螈两种：陆蝾螈的成长过程可以用蜕变二字来形容，它们把卵产在陆地上，小蝾螈在卵内完成初步发育，此时的小蝾螈完全是成年蝾螈的微缩版；而水蝾螈将卵产于水中，幼仔像蝌蚪一样被孵化出来。还有一种特殊的蝾螈，它们不会产卵，产下的小蝾螈已经完全成型。

尽管蝾螈辈分很老，但是却很害羞，它们总是躲在多水的地方，那里常年阴暗潮湿，有的蝾螈干脆直接躲在不见光线的洞穴中。这样的生活习性导致蝾螈的视力逐渐退化，因此它们的视力都不太好。

如果你见到这种憨头憨脑又害羞的动物，记得要保护它们哟，因为它们也渐渐变得稀有并且罕见了。

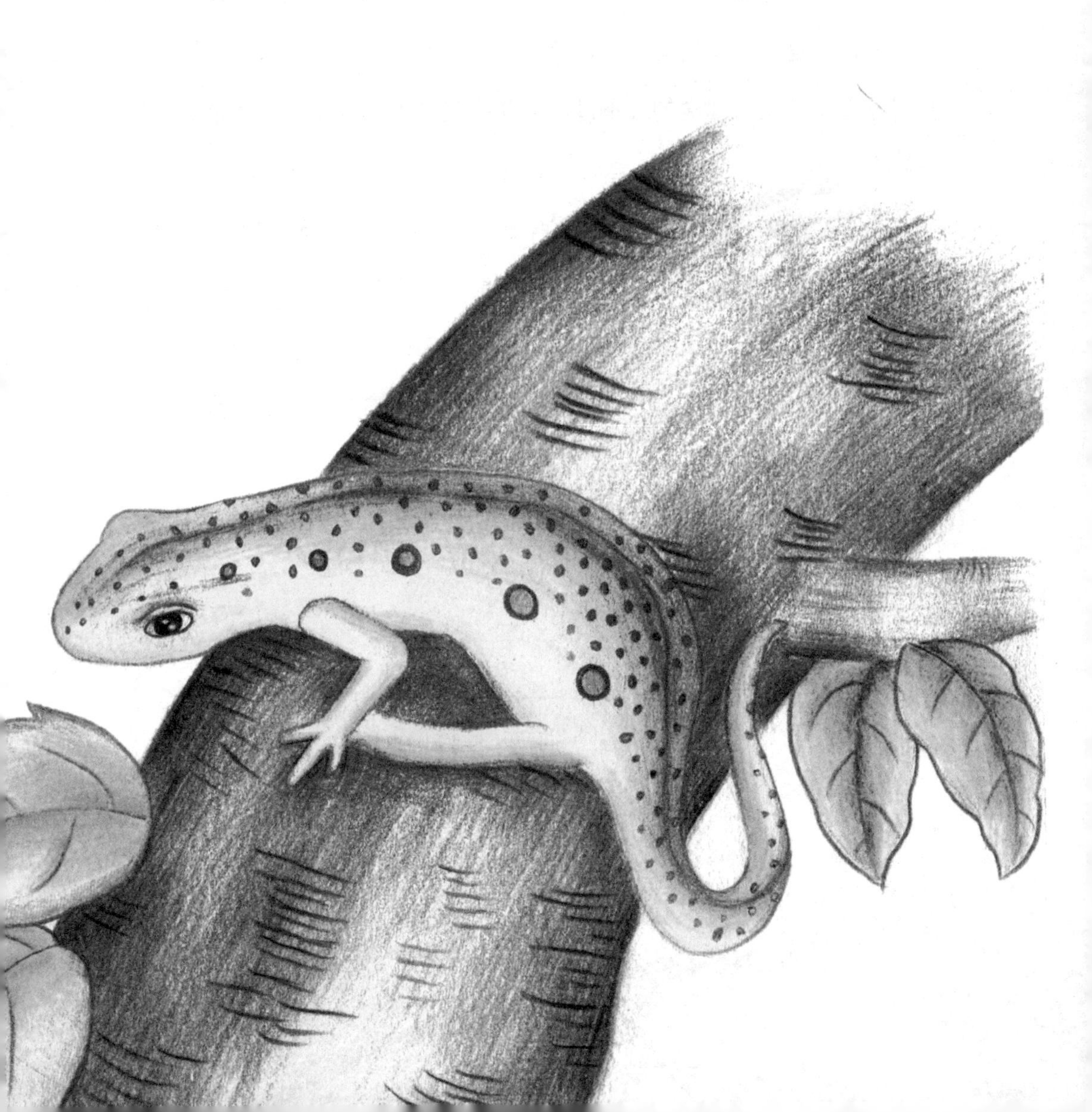

鸟站在树上睡觉为什么掉不下来

你有没有见过别人打瞌睡呢？点着头像小鸡啄米似的，身体也会摇摇晃晃的，可是一旦真的睡着了，就会马上摔倒，因为我们人类在陆地上是几乎没办法站立着睡觉的。不过，有些小鸟却有这样奇特的本领。它们可以站在电线杆上或者树枝上睡觉，从不会掉下来，是不是很神奇？

原来，鸟类的脚部肌肉非常特别，它们的腿上有一个像锁扣一样的机关，主要由屈肌和筋腱构成，这两样东西都能有效地帮助它们牢牢抓住树枝。不同于哺乳动物四肢的肌肉，它们的脚部肌肉即便是在放松的情况下也能抓紧树枝，当它们想要离开树枝的时候，还要用力松开肌肉才行，正是这种特殊的脚部肌肉保证了鸟类能在树枝上睡觉而掉不下来。

此外，还有一个非常重要的原因：鸟类的脑相对于爬行动物要发达许多，尤其是小脑，这就使鸟类的平衡能力非常出众。再加上鸟类视觉神经特别发达，因此它们除了擅长飞行，还能及时控制自己的身体平衡。

不过，也不是所有鸟类都睡在树上。鸟类的睡眠姿势有很多种，比如鹤类是单腿站在地上，一只脚缩起，头扎在翅膀下睡觉；有些雁鸭类则是趴在地上睡觉。只有在树上做巢的鸟类和某些陆地生活的鸡类才站在树枝上睡觉，如马鸡、角雉等等。你若是不相信的话，不妨找机会观察一下。

小鸟停在电线上会触电吗

高压电线上常常会挂着“高压危险，谨防触电”的标语，可是我们却常常看到一些鸟儿悠闲自在地停在裸露的高压线上，叽叽喳喳地开演唱会。演唱会结束，它们安然无恙地展开翅膀飞走了。奇怪了，它们怎么就不担心自己触电呢?

其实，在大自然中，很多事情都是一物降一物，比如干燥的木头、陶瓷等都不导电。小鸟儿的身体并没有绝缘的功能，它们在高压线上并非不能触电，触不触电取决于它们在电线上停留的姿势。

仔细观察你会发现，它们的双脚总是站在同一根电线上，这才是不触电的根本原因。因为，电流需要在正负极的双重压力下才能产生，当小鸟站立在单根电线上的时候，它们的身体就变成了某种地电流的一个分流，

这类电流的危害性是非常小的，远远不至于伤害到小鸟。

所以，在鸟类家族里有这样一条大家都知道的秘密：停在单根电线上不会触电，若是你太嚣张，想要跨在两根电线上定会引火烧身，最后触电而亡。还有一个秘密是鸟类家族不知道的，那就是聪明的人类在看到鸟儿喜欢在电线上磨喙之后，专门在电线上加装了一层绝缘架，并且在比较危险的地方加装了特别的安全装置，在最大程度上保护了鸟儿的安全。

但是，如果蛇爬到电线上就危险了，它的身体较长，当它爬到高压线上后会把火线与零线两根连接在一起造成触电死亡。钻进配电房的老鼠也常常会触电死亡。我们也知道，电业工人在高压线上的带电作业，就是如同小鸟站在一根电线上的道理是一样的，所以能够安全操作。喜鹊和乌鸦等鸟类喜欢在电线杆子上垒窝，这也同样是十分危险的，这样很容易形成短路，造成灾害。

现在，我们是不是可以说：鸟儿总是很安全，起码在电线上是这样。

吃铁鸟真的能吃铁吗

一天，乡下的木匠去城里买了一袋铁钉。由于天气炎热，加上赶路太着急，走到森林边缘时，他已经筋疲力尽了。于是，他顺势躺在一棵大树下休息。没想到一觉醒来，口袋不知何时被打开了，钉子也明显少了很多。他依稀听到大树后面有鸟叫声，绕过去一看，原来是几只鸟在吃铁钉。他慌忙拿起口袋跑回家后，将这个奇闻告诉了乡邻，乡邻都啧啧称奇。

故事里的鸟儿是杜撰的，还是确有其鸟呢？其实，在遥远的沙特阿拉

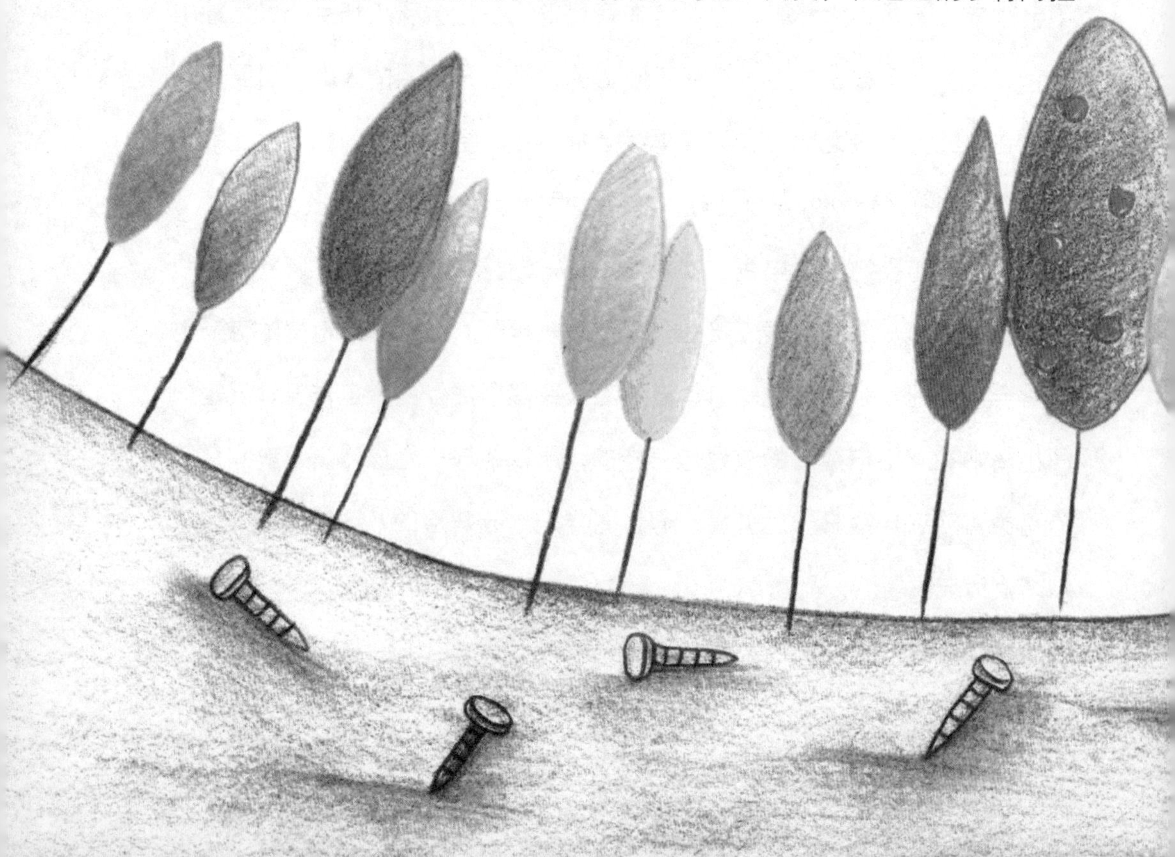

伯，真的生活着一种喜欢吃铁的鸟，铁钉、铁片、铁丝……只要是铁制品，它们都喜欢吃。原来，这种鸟儿的胃里有很多盐酸，多到可以消化掉铁屑。从此，人们给它们取了个非常形象的名字——吃铁鸟。

吃铁鸟的鼻子对铁特别敏感，能够从很远的地方嗅到铁锈味，并邀请同伴及时赶来分享铁制品。类似于铁钉这样的小零件，它们一口就可以吞下去，而对于铁块，它们也有办法。吃铁鸟的唾液中含有比胃内酸度更高的溶液，只要往铁块上吐几口唾沫，铁就会慢慢地软化，它们趁机将软化的部分啄下来。

至于吃铁鸟是如何将铁块转化为营养物质的，这个神秘的过程至今仍未被解读出来。

丹顶鹤为什么可以用一只脚站立

在我国东北的一些沼泽地以及河岸边生活着许多丹顶鹤，丹顶鹤因其头顶有红色的冠而得名。有人或许认为剧毒鹤顶红就来自于丹顶鹤的红冠，事实上，这个认知是错误的，剧毒鹤顶红的主要成分是砒霜。

除了一顶红冠，丹顶鹤引人瞩目的地方，还有它们修长的双腿。白色的羽毛、红色的冠，加上挺拔的美腿，使丹顶鹤看起来优雅高贵，出尘脱俗，尤其是当它们单腿站立的时候，尽显潇洒美态，大概“鹤立鸡群”这个成语便是这样来的吧。

那么，丹顶鹤为什么要用一只脚站立呢？

其实，丹顶鹤只有在感觉到累或者想要睡觉的时候才会单腿站立。至于不用双腿的原因也比较简单：因为它们的腿过于细长，站久了会非常累，于是只好两条腿换着站。我们人类在感到累的时候，也会换腿并转移重心，以达到缓解疲劳的目的，道理都是一样的。

另外，单腿站立还能帮助丹顶鹤节省能量消耗，调节温度，在遇到敌人来袭时，第一时间逃走。

除了丹顶鹤，还有一些喜欢单脚站立的动物，比如鸡、黄脚绿鸠和鹭等。它们都是非常警惕的动物，一旦有风吹草动，会在最短的时间内，拍拍翅膀飞走。

孔雀开屏是在比美吗

周末的时候，你是不是经常和父母一起去动物园？里面有威风凛凛的老虎，跳来跳去的猴子，摇摇摆摆的大企鹅，还有漂亮的孔雀……说到孔雀，我们就会不由自主地想到它张开翅膀时美丽的羽毛，有人说“孔雀开屏是在比美”，真的是这样吗？

其实，孔雀开屏的原因有两种。第一种是在孔雀想要找到自己的“伴侣”的时候，它们就会展开美丽的羽毛，甚至还会像我们拍照时一样臭美地摆出各种好看的姿势，以便吸引更多异性的眼球。也只有这样，它们才能更快地得到异性的青睐。

第二种是当孔雀受到攻击或者威胁的时候。我们都觉得孔雀开屏的时候非常漂亮，那五颜六色的羽毛相互组合，好像一幅绚丽多彩的图画。可是，你有没有发现孔雀开屏后的羽毛会组成很多像眼睛一样的图案呢？原来当孔雀的生命受到威胁时，它们展开羽毛，攻击者猛然间看到很多只眼睛，往往会觉得害怕，这可是孔雀的保命手段哦。

有人可能会有这样的疑问，孔雀也会在衣服颜色鲜艳的游客面前开屏，难道不是为了证明自己的美丽吗？答案当然是否定的。此时孔雀开屏，是被鲜艳的色彩和人们肆无忌惮的笑闹吓到了，它们只是展开自己的“眼睛”，来进行正常的防御罢了。

那么，现在你是否已经了解孔雀开屏的原因了呢?

笑鸟真的会笑吗

“嘴巴朝天大声叫，嘻嘻哈哈像在笑。一只鸟儿笑出声，逗得我笑它也笑。每天日出或日落，笑鸟都要笑一笑。面临危险笑笑笑，吓唬敌人把命保。”这是一首关于笑鸟的童诗。诗中详细地描述了笑鸟的笑声，我们不禁疑惑：世界上真的存在一种会哈哈大笑的鸟吗？它们是因为快乐而笑吗？

笑鸟生活在澳大利亚，它们经常发出和人们非常相似的笑声，不仅声音很大，就连音调都非常欢快。人们经常会用“笑得直不起腰”来形容某个人的开心程度，但这种鸟儿在笑的时候，却是脸朝着天，笑得好像没有办法停下来一样，故而得名笑鸟。

那么，笑鸟为什么会经常发出笑声呢？

原来，笑鸟感受到危险的时候，就会从口中传出笑声，以便达到吓走敌人的效果。

也许会有人发问了：笑鸟平时是怎么捕捉猎物的呢？

事实上，笑鸟的捕食技能远在我们的意料之外——嘴巴是最厉害的武器。我们知道，人在吵架的时候，嘴巴就像刀子一样，笑鸟可比人类厉害多了，是名副其实的“出口伤人”。当它发现目标（比如蛇）时，会用锋利的嘴巴把蛇叼到某个大树的最高树枝上，然后蛇就会摔下去。循环往复，两三次以后，蛇停止了蠕动，它们的目的也达到了。除了蛇以外，它们还会吃其他的动物，比如田鼠等。

澳大利亚人可是非常喜欢这个爱笑又聪明的动物呢！

军舰鸟为什么被称为海盗鸟

很久以前，海上就出现了我们所说的海盗。他们以抢夺海上船只所运载的贵重物品为生，一些穷凶极恶的海盗团队甚至会伤害别人的性命。也是因为海盗本身带有神秘的色彩，以及人们对海盗缺乏了解，致使很多关于海盗的电影和动画片比较受欢迎。那么，除了人类中的海盗以外，在动物中也存在着海盗吗?

其实，动物海盗是存在的，它的原名叫军舰鸟。军舰鸟的身体较大，翼展甚至可以达到 2 米多，大多数的时候都在海上，靠着身体的优势和令其他鸟类羡慕的飞行技术，经常会突然从高空中俯冲下来，像蛮不讲理的海盗一样掠夺其他鸟类好不容易才捕捉到的食物。正因为这样的生活习惯，人们又把它称为海盗鸟。

其实，海盗鸟之所以掠夺其他鸟类的食物是有原因的，因为海盗鸟的

羽毛并不像其他在海上生活的鸟类那样能够随意沾水。就算自己去寻找食物，它们也只能小心翼翼地捕捉离开水面的小鱼。为了能够更快地获取食物，它们这才形成了攻击其他鸟类的习性，以便能够坐享其成地吃到一日三餐。

尽管有些迫不得已，喜欢吃“霸王餐”的海盗鸟仍然未能给人们留下什么好印象哦！

织布鸟是怎样筑巢的

远古时期，人类饮毛茹血，以野果、生肉果腹，以兽皮、树叶遮羞，生活多艰险，温饱难维持。火的发现，使人类吃上了熟食，织布机的发明，使人类穿上了正式的衣服，二者均给人类带来了天翻地覆的变化。但除了人类，也有动物能够织布哦！这种会织布的鸟儿就叫织布鸟。织布鸟是一种有着漂亮羽毛的鸟类，它们和很多鸟类一样，自己在树上筑巢。可是，

它们真的能织出布来吗?

织布鸟是群居动物，就像人们喜欢热闹一样，它们也经常和自己的同类站在同一棵树上。雄鸟在需要交配的时候，身上的羽毛颜色会变得非常鲜亮，以此吸引同类的眼球。与此同时，它们“织布”的本领也会显示出来。

当然，这里所织的布并不是真正的布，而是雄鸟利用各种枯草，在嘴和爪子的配合下织出来的精巧巢穴。雌鸟对自己将要入住的巢穴非常重视，以至于如果雌鸟对雄鸟织好的房子有任何不满的话，雄鸟就会二话不说，重新织出一个比之前更加精巧漂亮的巢穴。直到雌鸟点头，雄鸟才会放下心中的大石头。

为了让孩子能够安全地成长，它们还会对房子进行装修，在房子周围，用树枝建造成类似我们说的栅栏，以免孩子掉下去。

现在，你是不是在赞叹织布鸟建造巢穴的能力呢?

企鹅为什么不怕冷

南极是世界上最冷的地区，每天的气温都在零下几十摄氏度。虽然很多动物也都可以抵御寒冷，可唯独企鹅能够忍受南极的极度低温，在此繁衍生活。很多动物都很羡慕它们的“大地盘”呢！很多小朋友也非常喜欢

企鹅，它们憨厚的外表和笨拙的动作经常让人发笑，而且它们对人类并不害怕，始终歪歪的脑袋好像在思索什么一样。你除了喜欢企鹅以外，是不是也很好奇它为什么能够抵御寒冷的南极气温呢？

其实，企鹅的房子和远古人一样，是用石块搭建起来的。它们非常喜欢跟自己的同类一起生活，有时候群居企鹅的数目甚至能达到 10 万 ~20 万只。所以，我们经常可以在电视上看到成群结队的企鹅，它们会在某个时候都朝同一个方向走去，有时候也像我们升国旗时排成的队伍一样，非常整齐。

而它不害怕低温的原因有三个：第一，企鹅羽毛的组合非常奇妙，就连海水都无法渗透，更何况是冰冷的风呢！第二，每到冬天的时候，我们都会裹上厚厚的羽绒服，企鹅身体上的绒毛完美地承担了这个责任，怎么会怕冷呢？第三，企鹅的皮肤中有很多脂肪。有这三层保护，企鹅当然不怕冷了！

原来，企鹅也有它的生存法宝呢！

为什么大火烈鸟的羽毛这么红

很多动物为了躲避敌人的追杀，都有隐藏自己的本领，比如枯叶蝶、变色龙等。但还有与之相反的动物存在，比如羽毛特别红艳的大火烈鸟。对此，很多人都非常好奇，为什么大火烈鸟的羽毛那么红呢？难道它们不害怕引起敌人的注意，从而受到攻击吗？

事实上，造成大火烈鸟羽毛比较红的原因很简单。大火烈鸟的食物中有一种叫作螺旋藻的植物，这种植物中含有一种很特别的物质，能呈现出鲜艳的红色，而这种物质会在大火烈鸟的羽毛中慢慢堆积，使得大火烈鸟的羽毛不断变红，变成像火烧云一样的颜色。

有人会对此提出疑问：为什么大火烈鸟的羽毛并不全是红色的？那是因为大火烈鸟会在固定的时间内更换羽毛，刚更换过的羽毛会因为螺旋藻中的物质沉淀不够，而显示出羽毛原本的颜色——白色。所以，在非洲观赏大火烈鸟，人们经常能够看到湖中的大火烈鸟红白相间的羽毛，如果很多鸟聚集在一起的话，整个湖面还会因为倒影的原因变成“红色的湖”。看到如此奇景，你会不会惊讶得说不出话来呢？

了解了大火烈鸟火红羽毛的原因后，现在，你是不是知道了大火烈鸟的生存烦恼了呢？不过，也正因为如此，大火烈鸟才比其他鸟类更加机警！

巨嘴鸟的嘴巴为什么这么大

一听到巨嘴鸟的名称，我们就能了解这种鸟的特点——嘴大。不过，巨嘴鸟的嘴巴虽然很大，但重量却很轻。因为巨嘴鸟的嘴巴并不是由我们想象中的比较密实的物质组成，而是由很薄的一层壳和空气构成的，所以，巨嘴鸟的大嘴才没有影响巨嘴鸟的生活。

你知道巨嘴鸟是怎样吞食食物的吗？很多调皮的小朋友都会把花生米扔很高，再用嘴接住。可大嘴鸟却能在抛出食物之后，让食物精准地掉进自己的喉咙内。这样，它们就不会浪费时间在咀嚼食物上。当然，巨嘴鸟并不是单纯的食肉生物，很多时候，它们吃的是比较容易找到的果实、草籽等食物。

巨嘴鸟的长喙除了可以叼到食物外，还具有空调一样的功能——调节体温。当周围的温度比较低

的时候，它们就会减缓血液的流动速度，避免身体的温度持续降低。如果温度太高的话，则相反。这样，无论在何种环境下，巨嘴鸟都可以尽量保持正常的体温了。

巨嘴鸟的大嘴巴还有一个用途呢！它们的巢穴一般是天然树洞等，但也有特殊情况，比如有些巨嘴鸟也喜欢抢夺其他鸟类的巢穴，这个时候，它们的大嘴巴就起到了很大的震慑作用，鲜艳的颜色让受到驱逐的鸟类不敢反抗。

原来巨嘴鸟的嘴巴这么有用啊！

鸵鸟为什么不会飞

鸵鸟是所有鸟类中身体最庞大的一种，很多人会猜测，是不是这个原因让有翅膀的鸵鸟飞不起来呢？事实上，虽然鸵鸟不会飞和体重有一些关系，却并不是最重要的原因。

能飞的鸟类羽毛着生在体表的方式很有讲究，一般分羽区和裸区，即体表的有些区域分布羽毛，有些区域不生羽毛，这种羽毛的着生方式，有利于剧烈的飞翔运动。鸵鸟的羽毛全部平均分布体表，无羽区与裸区之分；而且，它的飞翔器官也在时间的长河中慢慢退化了，想要飞起来就无从谈起了。

当然，鸵鸟的翅膀虽然已经失去了飞翔的能力，却仍然有它存在的理由——保温。

尽管鸵鸟不能飞，但它却是动物中的奔跑冠军。它一步跨出，可以达到 8 米左右，速度非常快。也可能是其他动物觉得这个有翅膀却不会飞翔的鸟并没

有什么攻击力，所以，它们都喜欢争抢鸵鸟蛋，这可是它们的美味食物。正因此，一般情况下，当一只鸵鸟外出觅食时，巢穴中都会留下另一只鸵鸟守护。

鸵鸟在寻找食物时，总是会谨慎地侦察一下四周是否有埋伏，因为一不当心，“沙中刨食”的鸵鸟就会被敌人伤害。也正是因为攻击性较弱，鸵鸟经常会跟同类生活在一起。

不过，若是真惹恼了鸵鸟，它们矫健有力的腿甚至能踢死狮子。可见，每个动物都有自己的保命绝招啊！

为什么蜘蛛不是昆虫

“南阳诸葛亮，稳坐中军帐。排起八卦阵，单捉飞来将。”猜到这首谜语的谜底了吗？对，是蜘蛛。大多时间里，蜘蛛要么勤奋织网，要么耐心等待“飞来将”自投罗网。但是，你可不要以为蜘蛛是昆虫哟，大多数昆虫都长了 6 只脚，蜘蛛可是 8 只脚呢。

因为要想成为昆虫一族，必须要满足几个条件：

第一，是无脊椎动物；

第二，身体有分节现象，而且头、胸、腹是必不可少的部分；

第三，长有 6 只脚，一对触角，有复眼和单眼；

第四，通常情况下它们长有两对翅膀。

符合这类条件的虫子才能被昆虫家族认可呢！

由于目前地球上已知的昆虫种类和数量非常多，导致有些外形酷似昆虫的动物，比如蜘蛛、蝎子等，常常被人们误认为是昆虫，事实上它们并不是昆虫。

一定要记清楚昆虫的基本特征，明察秋毫啊！

萤火虫为什么会发光

在很久以前，有一个叫车胤的孩子，他非常喜欢读书。不仅白天的时候手不释卷，就连晚上，他也不想浪费时间。可是，因为家里非常贫穷的缘故，车胤点不起油灯。为了解决这个问题，他就专门去捉来了一些萤火虫，把它们放在一个纱布中，借用这些萤火虫所发出的光亮学习。这个故事可能老师不止一次地讲过。

也许你曾在满天星星的夜晚，看着飞舞的萤火虫发出点点荧光，躺在妈妈怀里听故事，可是，你们知道萤火虫的身体为什么能够发光吗?

原来，在萤火虫体内藏着一种能够和氧气发生反应的物质，这样，它

们才在漆黑的夜晚发出了很多光亮。不过，并不是每一只萤火虫都能发光，雄虫和有一节发光器的雌虫才可以放光，其他的雌虫却不能发光。

另外，萤火虫发光的原因有很多，比如求偶、警告敌人等。由于萤火虫的光不会给人体带来任何危害，所以，很多人都认为它们才是最安全的灯光。后来，人们从萤火虫身上学到了很多知识，这才有了我们现在看到的荧光灯。

原来，萤火虫不仅仅是我们童年的玩伴，它们所发出的小小荧光也为我们的生活作出了很多贡献呢。

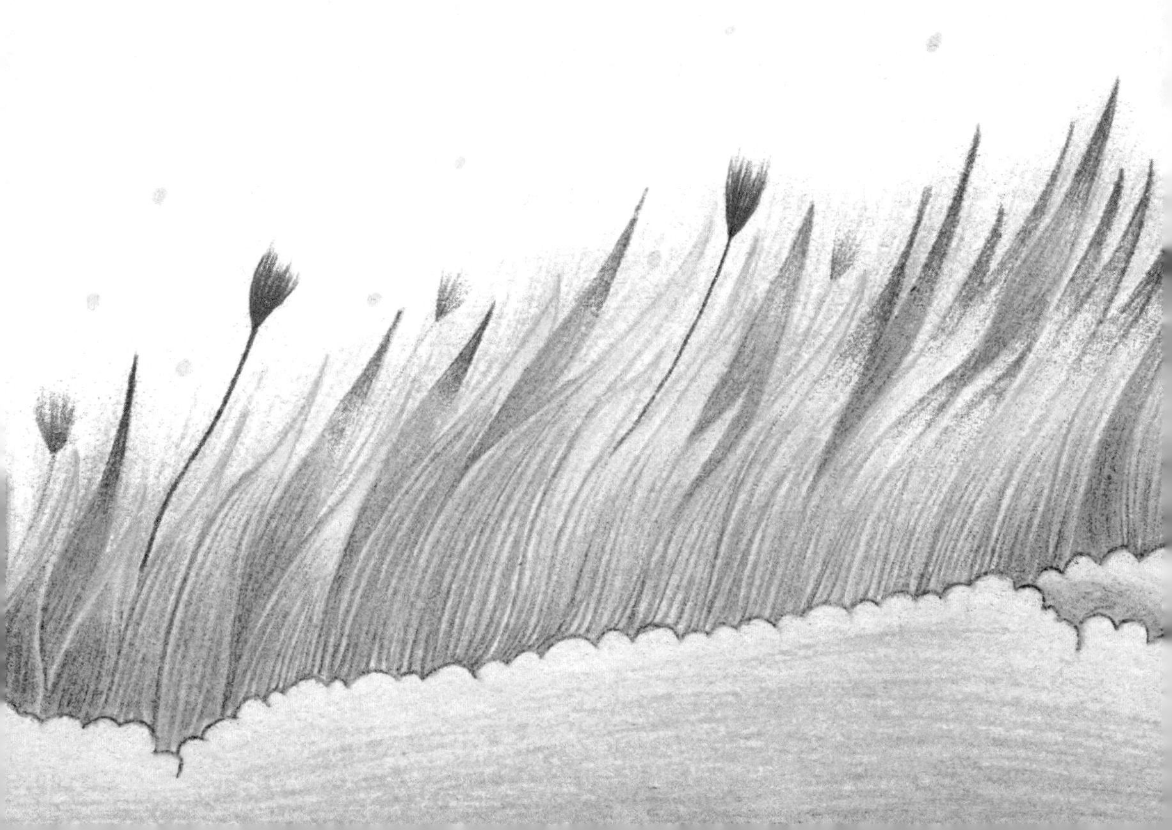

蝴蝶真是毛毛虫变的吗

毛毛虫变蝴蝶的事情大家都听说过，可是很多人都很难把丑陋的毛毛虫和漂亮的蝴蝶联系起来，甚至会发出“毛毛虫真的能变成蝴蝶吗”的疑问。那么，我们就来了解一下吧。

其实，毛毛虫变成蝴蝶需要经过好几个阶段。第一个阶段就是卵，第二个阶段则是由卵孵化的幼虫，这时，它们需要大量的植物叶子来让自己不断长大。很多毛毛虫都有自己独特的生活习性，比如有一种毛毛虫只把榆树叶子当成自己的美餐。为什么呢？因为这种毛毛虫和榆树叶子非常相似，相似到自身可以扮演榆树叶子的程度，所以，不仔细看的话，你是发现不了它的。

在它们千奇百怪的隐藏之下，幼虫会慢慢变成蛹，这是毛毛虫变成蝴蝶的第三个阶段。最后，大概在每年的 3 到 5 月份的时候，毛毛虫会开始

自己最终的变身活动。毛毛虫外面的皮肤分别会在三个地方裂开，然后它们利用脚上的力量，让自己挣脱束缚。刚从蛹中出来时，它身后的翅膀还非常柔软，不能马上飞起来，需要等待一个多小时，随后丑陋的毛毛虫就真的变成了漂亮轻盈的蝴蝶，这就是毛毛虫变成蝴蝶的第四个阶段。

所以，漂亮的蝴蝶真的是毛毛虫变成的呢。

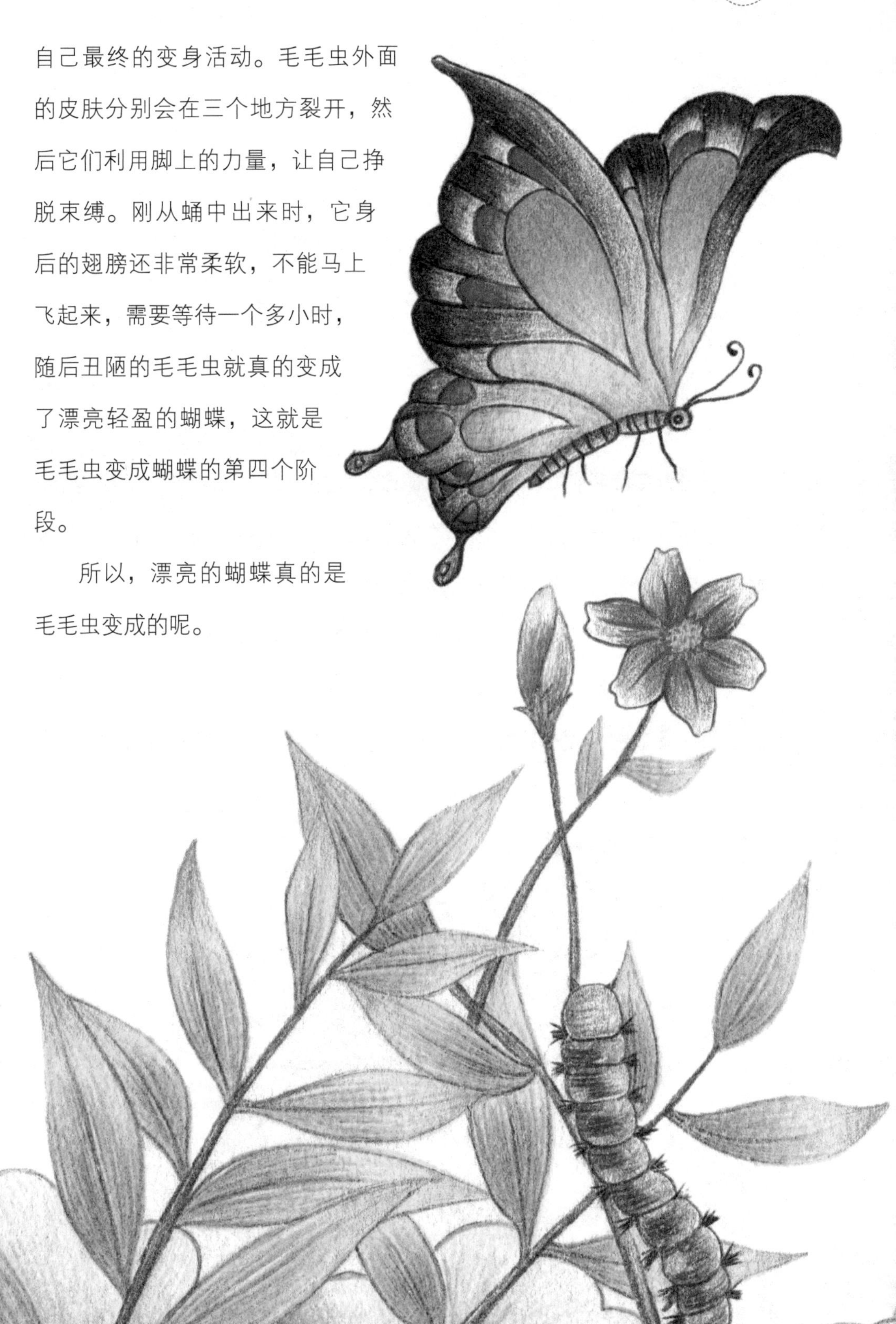

蜻蜓长了多少只眼睛

你捕捉过蜻蜓吗？这种和蝴蝶、黄蜂一样常见的动物，你是否真正观察过并了解它呢？

动物大多和我们一样拥有两只眼睛，但蜻蜓却并非如此。说到这里，很多小朋友都会产生疑问。因为在我们看来，蜻蜓的两只大眼睛是非常明显的，为什么又说蜻蜓不是只有两只眼睛呢？

原来，蜻蜓的这两只大眼睛是由很多双小眼睛组成的。这种小眼睛就是大家所说的复眼。复眼越多，动物就越容易观察周围的环境；反之，则动物的观察范围就要小得多。而蜻蜓的复眼当属动物中数目最多的，大约有 28000 多只小眼睛。

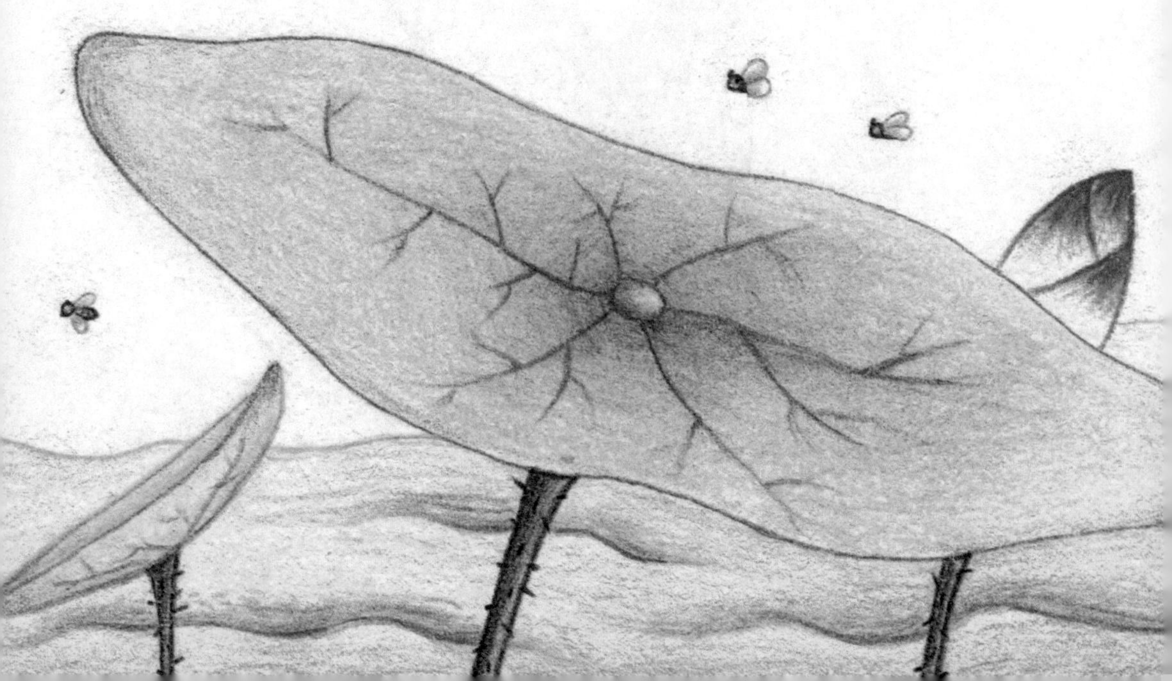

蜻蜓是一种能够帮助人们铲除害虫的益虫，而且，蜻蜓在捕食害虫的时候基本上都能顺利得手，这种能力便得益于复眼的视力和功能。在我们的印象中，多数的动物眼睛都是固定的，但蜻蜓的眼睛却能够随心所欲地转动，就算一个人影，它们也能够马上感知。

当然，复眼在有很多优点的同时，也不可避免地会出现缺点，如果快速在蜻蜓的眼睛上部晃动某个物体的话，蜻蜓就会在眼睛的不断转动中慢慢“眩晕”，此时，如果想要捕捉蜻蜓，就变得轻而易举了。

埋葬虫是怎样埋葬小动物尸体的

你是否见过一种喜欢埋葬动物尸体的小甲虫呢？它们有很多不同的种类，身体的颜色各不相同，体长最长的也仅有3.5厘米左右，是一种很奇怪的生物，也有一个奇怪的名字——埋葬虫。你们知道埋葬虫的名字是怎么得来的吗？

原来，埋葬虫的主要食物是动物的尸体，故而在较大的尸体旁边经常会出现成群结队的埋葬虫。它们在吃这些动物尸体的时候，有不停地向下面掘土的习惯，当一具动物尸体被吃干净的时候，基本上已经被土掩埋了，故此，大家称这种动物为埋葬虫。

埋葬虫就像能够清洁空气的植物一样，让死去的动物尸体能够更容易地在自然界中循环。

当然，如果有人想要捉到这种虫子的话，可要先做一些必要的准备。

自然界中“适者生存”的法则使得每一种动物都有自己的保命手段，埋葬虫也不例外。它身上存在着一种非常难闻的味道，而当它们感觉到自己受到来自外界的危险时，比如人们的捕捉或者敌人的攻击，它们就会作出反应，令攻击它们的对手闻到让其无法忍受的气味，而这种气味正是其身体末端排出的粪液。

想要研究这种动物的话，可要对埋葬虫的这个绝招提前进行防御准备哦。

蜉蝣的生命有多短

乌龟是一种非常长寿的动物。在我们的印象中，动物的寿命基本上都在人们之下，但乌龟的寿命却长达 300 岁，所以人们才经常用“万年龟”的夸张手法来形容乌龟较长的寿命。

大千世界，无奇不有。除了乌龟有能够让人惊叹的寿命外，蜉蝣的寿命同样让人惊诧，因为一只成年的蜉蝣寿命竟然只有几个小时，而最长寿的也只能活 7 天。虽然其他动物的寿命和人不能相比，但如此短寿命的动物确实没有几种。

每个人都有自己的亲戚，动物也不例外。

蜉蝣的家族历史非常悠久，它的近亲就是我们常见的蜻蜓。因为和蜻蜓是近亲，所以，蜉蝣的小眼睛也非常多。

虽然蜉蝣的成长需要好几个阶段，但大多数时间它都在水中生活。等到成年的时候，蜉蝣会长出翅膀，展翅飞舞，舞姿轻盈而又优美。

成年的蜉蝣会在空中进行繁殖活动，雄虫的生命在繁殖活动完成后就会结束，雌虫也会在产下自己的后代后死去。

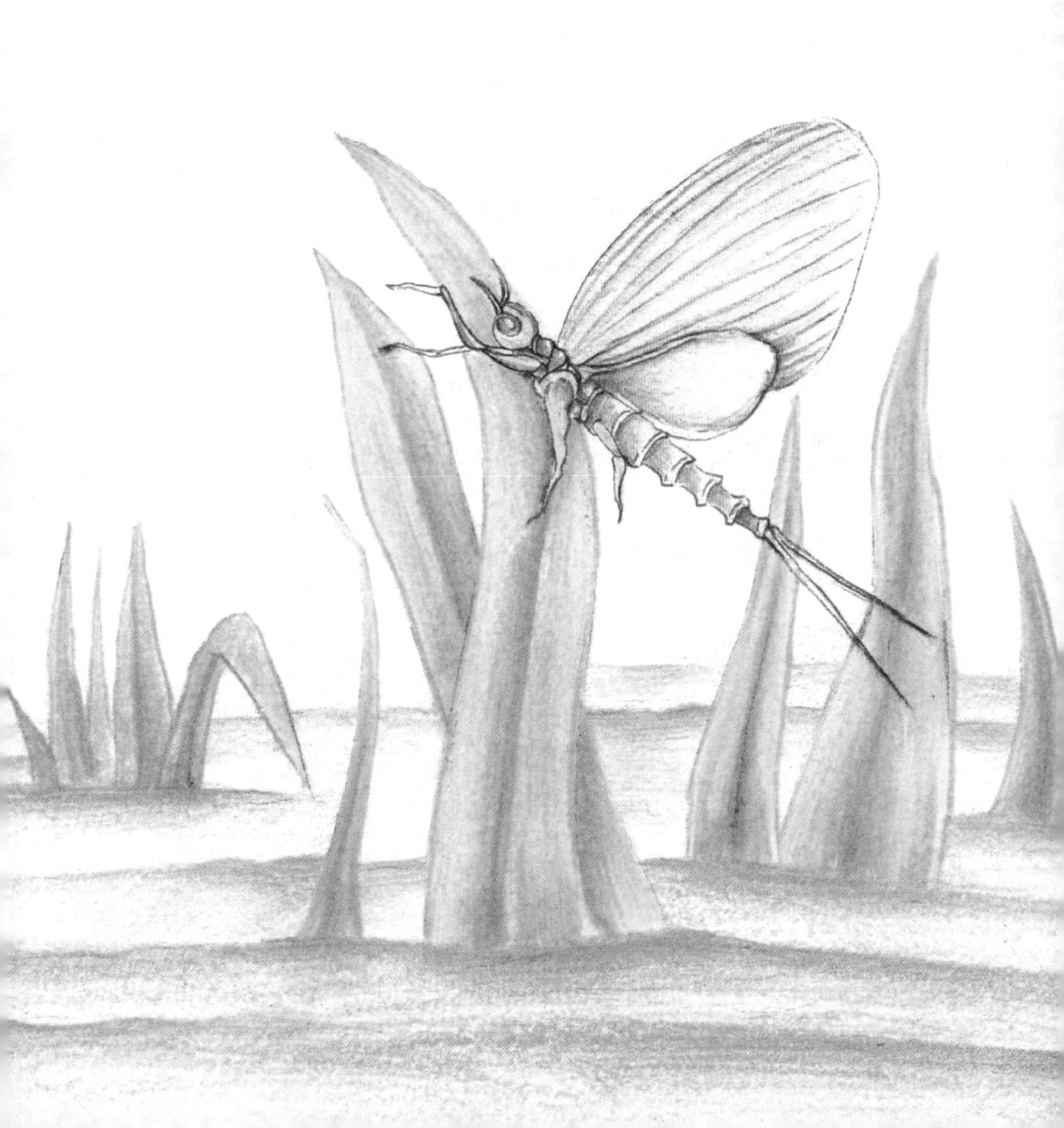

草蛉怎么捕捉蚜虫

蚜虫经常在庄稼地里“为非作歹”，给人类带来很大的损失，是一种很讨厌的生物。不过，自然界中，也有动物非常喜欢蚜虫，那就是专门以蚜虫为食的草蛉。

草蛉的身体很小，颜色和草色非常相近，它们的翅膀是透明的，飞起来非常漂亮。草蛉平时把消灭蚜虫当成最重要的任务，奇特的身体结构是它们对付蚜虫的天生利器。

在捕食蚜虫的时候，草蛉身体前方的小夹子能够紧紧夹住蚜虫的身体，消化液能够很快将蚜虫溶解。就这么简单，常常让农民头疼的蚜虫便被消灭了。

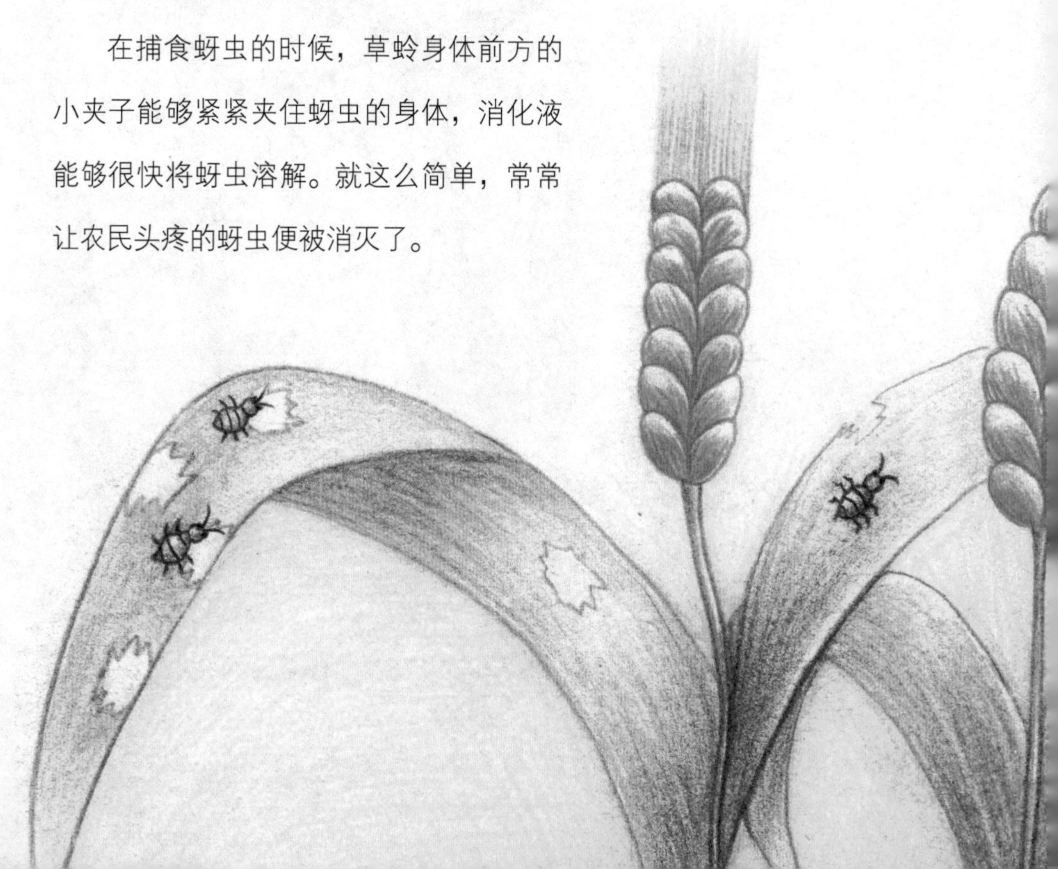

你知道吗？草蛉捕食主要是在幼虫和成虫时期，其中尤以幼虫期捕食量大，是消灭害虫的主要时期。一只幼虫期的草蛉在 24 小时内可以吃掉几十个甚至上百个蚜虫，一只草蛉在整个幼虫期能够吃掉七八百只蚜虫。

令人不解却又忍不住想笑的是，有一种草蛉竟然会把自己吸食干净的蚜虫皮背在身上，到处晃悠。难道这是在向同类炫耀自己的战绩吗？又或者是以这种方式向蚜虫示威吗？

不管出于什么原因，草蛉都是克制蚜虫的天敌。所以，人们才开始用人工饲养草蛉的方法来防治蚜虫，以便保护农作物更健康地生长。

“独角仙”到底有多大力气

从外表看，“独角仙”是一种黑乎乎的甲虫，背很硬，外壳像一口铁锅，还长着一只威武的独角，这也是它的名字的由来。

在昆虫界，“独角仙”是出名的大力士，号称“世界上力量最大的动物”。我们时常惊叹于小小的蚂蚁能够举起远远大于身体的物体，“独角仙”也有如此本领。对于人类而言，能够举起与自己的体重相当的物体，已经算是很不容易了，但是，“独角仙”却能够举起相当于其体重800多倍的物体，真是称得上惊世骇俗了。

可是，“独角仙”为什么会有那么大的力气呢？原来，“独角仙”的身体结构并不和一般的脊椎动物一样，甚至有人夸奖“独角仙”的身体构

造和机器人一样坚实。拥有这么好的身体构造，想不成为大力士也很难呀。

当然了，除了举重，“独角仙”的角也有其他功用，比如争夺食物、吸引异性或者对抗同类等。当遇到争斗，“独角仙”会把它的犄角插到对方的腹部下面，然后高高举起，远远抛出。于是，眼前就清净了。

“独角仙”虽然谈不上是害虫，但是如果数量太多的话，也会给森林造成一些危害；另外，它还拥有在不同的环境下变色的能力，有点像变色龙。

蟋蟀为什么爱叫又爱斗殴

蟋蟀喜爱争斗，又好鸣叫，早在唐代，便被人们用来比赛。即便是现在，斗蟋蟀仍然是很多人喜欢的娱乐活动。但是，你知道蟋蟀为什么如此好斗吗?

原来，蟋蟀性格孤僻，通常都是独自成长起来的，很少有蟋蟀能够忍受和同类共同生活，彼此一旦遭遇，会马上相互攻击。为此，很多人便利用蟋蟀好斗的特点进行蟋蟀比赛等活动。

除此之外，就连蟋蟀之间的婚姻也是如此。具体来说，两只蟋蟀会比武定胜负，谁是最后的胜利者，谁才有权利拥有雌蟋蟀，

身体强壮的雄蟋蟀经常可以拥有很多个雌蟋蟀。这种优胜劣汰的传承方式对蟋蟀家族的繁衍昌盛十分有利。

蟋蟀除了喜欢争斗外，它们的叫声也隐含着很多有意思的信息。比如，夜深人静的时候，蟋蟀会发出比较响亮的鸣叫声，这种持续时间较长的鸣叫代表了两层意思，一是对同伴宣告自己对这片领土的占领权，二是对雌蟋蟀的呼唤。大多数动物的鸣叫都发自口中，但蟋蟀叫声的发出点却与众不同地来自它的翅膀。蟋蟀的两个翅膀上分别长有两根刺，当它振动自己翅膀的时候，这两根刺就会在碰撞中发出我们所听到的声音。特别是在蟋蟀繁殖的季节，雄性蟋蟀会比平时更加活跃，希望能够通过动听的鸣叫声为自己找到配偶。

现在，你明白蟋蟀为什么喜欢争斗和鸣叫了吗?

蚱蜢为什么跳得那么远

“小蚱蜢，学跳高，一跳跳到狗尾草。腿一弹，脚一翘，哪个有我跳得高！”你听过关于蚱蜢的儿歌吗？别看蚱蜢个头小，它们可是跳远健将呢！

小蚱蜢的跳跃能力非常强，一下子便能跳到很远的地方去，就像我们平时看到的跳远比赛一样。当然，很多跳远选手在进行跳跃之前都会进行助跑，可小蚱蜢却连这个动作都不需要做，就可以跳出比自己身体长 15 倍

之远的距离。

只要我们仔细观察某个蚱蜢，就会发现它身体的秘密：蚱蜢有四条腿，可后面的两条腿不仅比前面的要长很多，甚至从外表就可以看出里面所蕴含的力量要比前面的两条腿多很多。

虽然蚱蜢的这个本领被很多跳远运动员羡慕，可事实上，在动物界中，蚱蜢还是会遇到没有办法逃脱的对手，从而丢掉自己的生命，比如蜥蜴等。当然，面对如同蜥蜴一样的对手，它们也有一些属于自己的保命绝招。很多蚱蜢都会为了保住自己的性命而吞食散发难闻气味的树叶，最后把这些带有难闻气味的咀嚼物涂在自己的身上。一旦有其他动物吃了自己，就会被难闻的气味熏得呕吐出来，许多小蚱蜢正是以这种手段才能侥幸逃脱死亡的厄运。

你觉得小蚱蜢聪明吗?

泡沫蝉的泡沫从哪里来

夏天的时候，天气非常炎热，很多小朋友会跑到树荫下乘凉。不过，有人发现过草丛中的白色泡沫吗?

其实，如果用草根或者树枝拨弄一下泡沫，就能发现隐藏在泡沫下的虫子，这种虫子被称为泡沫蝉。

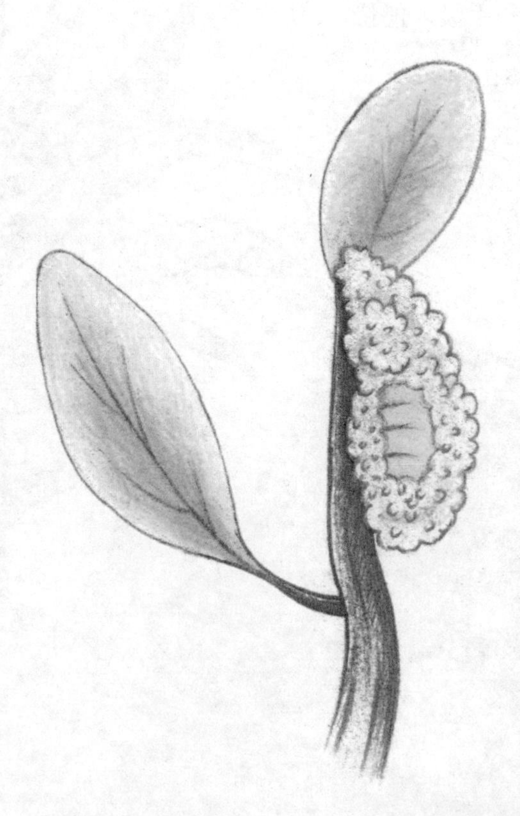

那么，泡沫蝉的泡沫是从哪里来的呢? 原来，在泡沫蝉的尾部能够分泌出一种黏黏的液体，当然，这种液体并没有办法变成泡沫。但是，泡沫蝉的身体两侧可以排放出气体，与液体融合之后，便会形成我们所看到的白色泡沫。知道了泡沫的由来后，是不是应该了解一下这些泡沫的用途呢?

每个动物所做出的怪异行为多是为了保护自己，泡沫蝉也不例外。它们经常会在自己所处的位置弄出很多白色的泡沫，直到这些泡沫可以完全遮盖住身体，将自己隐蔽起来，免遭敌人的攻击。但这种泡沫蝉对树木并没有什么益处，反而会对树木造成伤害，很多人为此大伤脑筋。另外，泡沫蝉还有可能藏在凉席或者墙壁的缝隙中，像蚊子一样，吸我们的血。

为了避免这种情况的发生，夏天的时候，我们要经常清洁凉席，同时让凉席接受太阳的暴晒，这样，泡沫蝉就基本上不可能出现在我们的凉席下了。

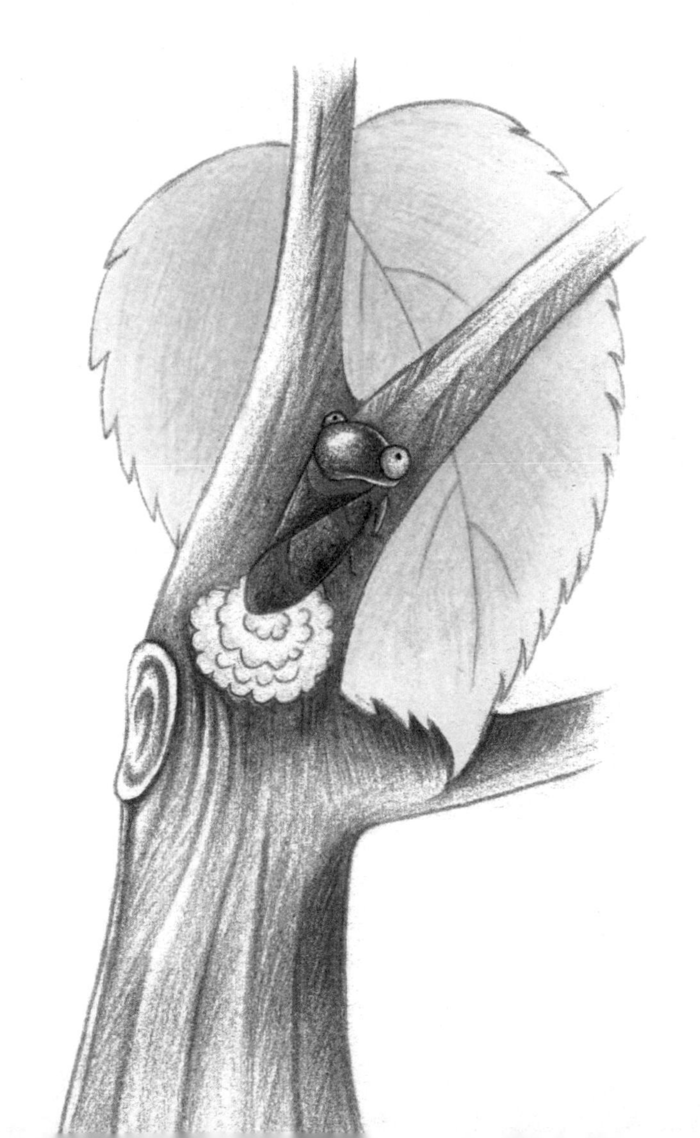

3

最致命的动物

zui zhi ming de dong wu

豪猪和猪有关系吗

说起豪猪，不知道的人或许以为它是一种什么种类的猪，具有猪一样的体貌。实际上，豪猪长得跟猪差远了，何以见得呢?

你看，豪猪的体形比猪小得多，全身长满了棕褐色的硬刺，但是你有见过猪的身上长刺吗？而且豪猪白天几乎是一整天都躲在洞里的，到了晚上才偷偷出来找食物吃，它还特别挑食，只吃植物、瓜果等，对农作物的危害很大。而猪就不同了，猪可是白天非常活跃，晚上要睡觉的杂食性动物，

从不挑食，什么都吃，不会祸害农作物。

你现在是不是已经想起另外一种浑身是刺的动物了呢？那么，外形酷似、同样长刺的刺猬与豪猪有没有什么特殊的关系呢？

其实，它们只是都长着刺，并没有什么特殊的关系，而且豪猪的体形要比刺猬大得多，身上的刺也更长更硬，还带着倒钩。更重要的是，当豪猪遇到紧急情况时，会竖起身上的长刺来示威，如果示威无效，它还能在关键的时刻将身上的刺发射出去，然后趁机逃走，以保全自身，因此它又被称为箭猪。但是刺猬在遇到危险时，只能像乌龟一样把身体缩成球状，使敌人无从下手，无计可施。由此看来，豪猪要比刺猬强大得多。

大象为什么不长毛

大象性格憨厚，体形庞大，是世界上最大的陆地动物，主要生活在热带地区。但是与生活在同一地区的狮子、斑马、长颈鹿等动物相比，大象还有一个独有的特征——全身上下光秃秃的，几乎看不到毛发。这是为什么呢?

其实，大象并非完全没有毛发，而是比较稀疏罢了，至于为什么毛发较少，则要从哺乳动物的特性和大象的生存环境说起了。

哺乳动物是恒温动物，必须维持一定的体温才能正常地生存下去。对于大象来说，只有维持大约 36℃的体温，才不会有生命危险。

动物的新陈代谢是产生热量的主要来源，身躯庞大的动物每天要吃很多的食物，产生的热量是非常多的，而热量的散发主要是通过皮肤进行的。因此，身体表面积越大，热量散失的可能性就越大，但是如果身体上长满了长毛，就会影响热量的散发。对大象来说，多余的热量如果不及时散发出去，便会有生命危机。为此，它必须去掉身上的长毛，让皮肤变得非常光滑，一览无余。体形同样庞大的犀牛、河马等的身上也是不长毛的，原因亦是如此。

其实，对于体形庞大的大象来说，单靠光滑的皮肤进行散热是远远不够的，那么还有什么东西

可以帮助它散热呢？耳朵！我们常常看到大象的耳朵像扇子一样“呼哧……呼哧”地摇来摇去，其实那也是在散热。大象的耳朵上分布有很多的血管，扇动耳朵可以使耳朵接触流动的气流，从而散发掉多余的热量，帮助全身降温。

大象用鼻子吸水为什么不会被呛到

鼻子里面呛到水会非常难受，只有通过剧烈的咳嗽才能将吸进去的水排出去，才能减轻这种不适。所以人在水里是没办法生活的，潜水的时候也必须背上氧气瓶。可是大自然这位伟大的造物主却赐予大象一条垂到地上的长鼻子，不仅可以用来呼吸、闻味道，还能够卷东西、击打敌人，最神奇的是竟然可以吸水。那么，为什么大象可以用鼻子吸水，却不害怕被呛到呢?

原来，大象鼻子的构造与我们人类不同。在气管与食道上方生有一块软骨，当鼻子吸水的时候，随着水流逐渐进入鼻腔，大象的神经中枢很快作出反应，命令位于咽喉部位的肌肉尽快收缩起来，这样软骨便及时堵住气管。水流就这样被送进食道，不会进入气管，因此不会呛到大象。反之，大象在喷水的时候，会将软骨周围的肌肉放松，软骨回到以前的位置，大象再用气流将水喷出来。

在有着“大象之邦”盛誉的泰国，大象被人们作为吉祥的象征。人们

会把捕捉来的小野象送进专门的“大象学校”，经过十多年的培训，大象便可以进入社会参加工作了。它们利用自己的载重能力帮助主人运送货物；利用自己的聪明伶俐表演节目；利用灵巧的鼻子搬运木头、给小朋友做滑梯等等。

北极熊为什么不怕冷

北极熊生活在寒冷的北极，体形庞大，是陆地上最大的食肉动物。可是，北极气候那么寒冷，它们究竟是靠什么活下来的呢？它们为什么不怕冷呢？

其实，北极熊不怕冷是由很多因素决定的。首先是北极熊的饭量很大，尤其喜欢吃富含脂肪的食物，日积月累，它们都慢慢变成了大胖子，正是这些厚厚的脂肪层帮助它们抵御北极的寒冷。而且在它们体内还有一种神奇的化学物质，具有抵御严寒的作用，使北极熊在冰天雪地里也不会被冻坏。

其次，我们看到的北极熊都有一身白色的皮毛，不过，你可不要被这

个表象迷惑了，以为它们的皮肤也是白色的。实际上，它们都有着黑色的皮肤，就像它们的爪垫、嘴唇、鼻头以及眼睛四周的肤色一样，都是黑黑的；而黑色的皮肤有助于吸收热量，可以最大限度地利用太阳能来保暖。

第三，不少人以为北极熊身上长着白色的毛，实际上并不完全正确，因为北极熊的毛发其实是透明的。这些透明的毛也是北极熊御寒的利器之一呢！一则北极熊的体毛上覆盖着一层油脂，使它们的身体不会被海水浸湿，从而有效地御寒；二则北极熊身上透明的体毛结构非常特别，毛的中间是空的，能够将阳光反射到毛发下面的黑色皮肤上，帮助皮肤吸收更多的热量御寒。

第四，北极熊长着非常肥大的前爪，而且四只爪垫上还长着粗硬的毛发，可以使它们靠四肢行走在冰冷的冰面上，而不至于被冻伤。

北极熊身怀这么多的绝技，能够在冰天雪地的北极生存也就不足为奇了。

当然，即便北极熊具有这么多的防寒利器，等到北极最冷的时候——极夜时，它们也不得不进入冬眠，来节省热量，抵御漫长的寒冷期。

熊在冬眠的时候只会睡觉吗

冬天的时候，天气真冷啊。冬天最痛苦的事情莫过于早晨起床了，看着窗外厚厚的积雪，有些人就会想在床上多睡一会儿。许多人都喜欢赖床，希望能一直躲在暖暖的被窝里。这么看来，冬天时能够睡上一个长长的好觉，是件很幸福的事。

很多动物都会在冬天来临的时候进入冬眠状态，比如变温动物青蛙、蛇等，到了冬天其体温随着气温降低，就会一直睡觉。

但是熊的冬眠可不是这样的哦。为了顺利度过寒冬，整个秋季熊都在拼命地吃东西，贮存皮下脂肪。然而等到了第二年春天，冬眠的熊从蛰居的洞里出来的时候，它的体重已经只有原来的三分之一了。

熊在冬眠时并不是一直睡觉，它只不过会尽量减少活动，避免热量的消耗。在冬眠的时候，最辛苦的就是怀了孕的熊妈妈了，它们必须在冬眠期间生下小熊，哺育熊宝宝，好让小熊在第二年春天可以健康地迎接新世界。

不过，值得一提的是，也并不是所有的熊都是如此的，比如生长在热带地区的熊即使在冬天也很容易觅取食物，所以它们并不会冬眠。

还有一件不可思议的事情，动物学家们发现熊能够在冬眠期自愈伤口，几乎不留疤痕，而且不会感染。如果我们能够破解熊的这一秘密，将会对人类的外科手术产生重大影响。

狮子和猫是亲戚吗

说老虎和猫咪有亲戚关系，相信很多人都不会反对吧？因为二者的长相实在是太相近了；但是说狮子与猫咪也有亲戚关系，你是不是觉得不可思议呢？威武霸气百兽之王与娇小温顺的宠物猫咪，分明就是两个世界的物种啊，什么时候也攀起亲戚来了呢？

其实，说狮子与猫咪有亲戚关系，只是因为它们都是猫科动物。猫，是一种小型猫科动物，这个大家都不陌生。狮子的体形非常巨大，母狮体长约 160 厘米，公狮子可达 180 厘米。很难想象，体形这样巨大的动物，让其他动物闻风丧胆的草原霸主狮子竟然也是猫科动物。然而，狮子属于猫科动物也是不争的事实，它们是大型猫科动物，具有明显的猫科动物特点：能啸叫或者吼叫，瞳孔能够成圆形地放大或缩小。

猫科动物在外观上都有着相似的特征，但小型猫科动物与大型猫科动物也有很多不同的地方——小型猫科动物的爪子和犬齿要弱一点，力量也不够强大。

其实，体型上的差异并不是大型猫科动物与小型猫科动物之间的主要区别，其主要不同点在于大型猫科动物会发出吼叫声，小型猫科动物则不会。

狮子在猫科动物里也是非常特别的，因为它们是雌雄两态。在狮群中，主要负责养家和猎食工作的是母狮子，公狮子却很少参加捕猎行动，其主要职责是守护领地和繁衍生息。不过，这也不能全怪公狮子的懒惰和“大男子主义”。看看它们那长长的鬃毛和硕大的脑袋，在开阔的草原上捕猎时，想要隐藏起来恐怕不太容易呢。

狮子被称为百兽之王，体形健硕，力量强大，拥有梦幻般的速度、强悍的力量和威猛的身姿，是地球上最威武的猫科动物之一。

水牛为什么喜欢泡在水里

夏天来了，天气炎热，水牛泡在水中，几乎不愿意出来。你知道这是为什么吗？同样是牛，为什么黄牛却没有这种习惯呢？难道这是水牛的专属癖好吗？

水牛喜欢泡澡的习性要追溯到很久很久以前，那时候水牛的祖先还生活在非常炎热的热带和亚热带地区，夏天的气温高达 40℃以上。水牛本身长得皮糙肉厚，不容易排汗，汗腺也不发达，在如此酷热的环境中生存，无疑是非常不利的。因此，为了让自己凉爽一些，水牛只好泡在水里面，从而降低体温、维持生命。久而久之，水牛的祖先渐渐养成了泡澡的习惯。

在炎热的夏天，水牛泡在水里，不但能够降温，还能够免受很多小虫子的骚扰呢！牛壁虱、家蝇、牛虻等虫子都很喜欢寄生在水牛身上，可是，只要水牛钻入水中，它们就拿它没办法了。所以说，面对炎热的天气和不胜烦扰的蚊虫，水牛将自己泡在水里，还真是个一举多得的好方法呢。

野生的水牛大多喜欢成群结队地活动，它们结伴而行，到河边、泥潭里打滚嬉戏，一边泡着澡，一边拍打蚊虫，场面也非常壮观呢！

犀牛为什么喜欢在泥里打滚

犀牛是生活在热带的动物，因为气候的关系，它们非常喜欢玩水，更喜欢在泥里打滚，或是在身上涂上一层厚厚的泥浆。这种洗澡方法还真是调皮，它们是在玩耍吗?

犀牛之所以要这么做，其实是有不得已的苦衷。犀牛的皮肤虽然看起来非常厚实，但是在皮肤褶皱之间，却还有很多又嫩又薄的地方，只需用细小的针，就能轻易刺进去，若不好好保护，是很容易受伤的。尤其是在热带地区，有非常多的吸血昆虫，这些昆虫都有很锐利的口器，用来螫咬其他的动物。而吸血昆虫又特别喜欢寻找犀牛、大象等温血动物，好钻进它们皮肤的褶皱中大大螫咬一口，吸饱它们温热的血液，害得它们又痛又痒。为了防止这些虫子的袭扰和叮咬，犀牛和大象只好在泥水中打滚抹泥，甚至在身上沾些泥沙。

但是犀牛和一种叫作犀牛鸟的小鸟却是好朋友呢！这可真是奇怪了，

犀牛发起脾气、使起性子来，不要说狮子，就连大象都会觉得不好招架呢！这样一个浑身蛮力的家伙，怎么会和体形娇小的犀牛鸟成为好朋友呢？

原来，身体小巧的犀牛鸟能够捕食犀牛身上的虫子，还能够凭借出色的听觉和嗅觉提供危险预警。每当危机来临，犀牛鸟马上就能察觉，然后飞上飞下地提醒犀牛注意环境变化。犀牛和犀牛鸟有这么多同甘共苦的经历，成为好朋友是理所当然的了。

狼的眼睛为什么是绿色的

无论是在电视上，还是在现实中，我们总能看到不同眼睛的动物，比如红色眼睛的兔子、黄色眼睛的蜘蛛、绿色眼睛的狼……它们的眼睛在白天的时候不太明显，但是到了晚上，色彩感就表现得非常突出，这到底是怎么回事呢?

其实，动物的眼睛是不能发光的，因为它本不是光源体。但是我们之所以能够看到眼睛呈现出不同的颜色，是因为它们反射了发光体的光线。就拿狼来说，狼属于夜间动物，在夜间非常活跃，如果拿手电筒一照，会看见地面上空漂浮着斑斑点点的绿色，非常吓人，那就是狼的眼睛。它之所以是绿色的，是因为在狼的视网膜后方，有一个很特殊的晶点，能够将射入眼睛的微弱的光线聚集起来，然后反射出去，这也是狼在黑暗中能够看清楚东西的原因所在。又因为夜间的光线非常微弱，导致色素在眼睛中的沉淀不同，所以会呈现出绿色，不过，有时候狼的眼睛也会呈现出蓝色的光线。

其实，狼除了眼睛是绿色的，还有一个众所周知的习性——对月嚎叫。狼为什么要对月嚎叫呢？由于狼是夜间动物，而月亮又是夜间最亮的天体，所以狼习惯性对着月亮嚎叫。其实，狼不只会对着月亮嚎叫，在外出觅食，

或者寻找配偶时，也会发出嚎叫。不过有时候，狼在饥饿或是向其他种群示威的时候也会嚎叫。

蛇怎么吞下比它大的动物

你听说过“贪心不足蛇吞象”这一俗语吗？它是用来形容一个人非常贪心，就像一条蛇想要将一头大象吞下去一样。但是蛇真的能吞掉大象吗，为什么会有这个比喻呢？

我们或许并没有见过蛇吞象，但是新闻中却报道过蛇吞狮子的事件呢！这件事发生在非洲的原始森林中，一头正在喝水的狮子突然发出一声怒吼，接着就落入水中。没多久，水面上出现一条大蟒蛇，它的腹部膨胀得极大，“百兽之王”已经葬身于它的腹中！

这件事情非常令人惊奇，蛇为什么能吞下比自己大几倍的动物呢？

我们知道，人的嘴巴只能张开到一定的限度，这个限度是30度。但是蛇的嘴巴却不一样，它能张开130度，甚至是180度呢！这是因为蛇的嘴巴是由韧带连接的两块完全分离的骨头组成的，吞食食物时，嘴巴可以自由扩张，灵活性非常大。靠着这个天赋，蛇才能吞食比它头部大得多的食物。

尽管如此，有人还会有疑问：蛇吞下如此之大的动物，难道不会被噎着吗？食物能从它的喉咙通过吗？其实，我们完全没必要担心。

首先，蛇的喉头的位置非常特殊，它位于口腔底部气管开口的地方，而且可以自由活动，当蛇吞食猎物时，喉头可以伸到口外，这样就不会被噎着了。另外，蛇没有胸骨和胸腔，胃室的张力和弹性非常大，吞食的食物达到胃部之后，胃部会尽量将食物缠绕成细丝状，便于消化。

眼镜蛇会跟着音乐跳舞吗

眼镜蛇会跟着音乐跳舞吗?

眼镜蛇是一种毒性很强的蛇，一旦被它咬到，就特别危险。但是，总有一些人似乎一点都不害怕眼镜蛇，他们随身带着眼镜蛇，还会吹笛子跟眼镜蛇一起表演节目，看起来真是既刺激又好玩。

在人们的印象中，舞蛇的人将眼镜蛇装在竹笼里，然后带到市集上。当他打开竹笼，吹起笛子的时候，竹笼里的眼镜蛇就会开始摆动并竖直身体，还不时吐出舌头，好像跟着节奏起舞似的。

事实上，眼镜蛇根本就没有听懂舞蛇人的音乐，它会在音乐响起的时候摆动身体，是因为它受到尖锐的笛声的刺激。这个时候，眼镜蛇便会竖起身躯，膨胀脖颈，怒气冲冲地准备攻击吹笛的人。吹笛的人左右摇摆，眼镜蛇自然也跟着左右摇晃，以便随时对准目标进行攻击。

舞蛇的人其实也知道眼镜蛇根本听不懂音乐，所以当他抓到眼镜蛇时，会先把它的毒牙给拔掉，然后再利用眼镜蛇受到尖锐的声音刺激时会发动攻击的生理特性，顺势带到市集里表演给不知情的人看，以此来吸引人的目光，赚取钱财。

事实上，眼镜蛇确能感觉玩蛇者的脚在地上轻拍、木棒在蛇筐上敲打的震动，一旦蛇感到有动静，它会从蛇筐里摇摇摆摆地探出头来，寻找出击的目标。而蛇之所以要左右摇摆是为了保持其上身能“站立”在空中，这是它们的本能，跟吹奏音乐无关。因为一旦停止这种摆动，它就不得不瘫倒在地。

4 最被人误解的动物

zui bei ren wu jie de dong wu

鳄鱼流泪是因为悲伤吗

大家都知道鳄鱼非常凶残，口如血盆，牙似利刃，一副凶神恶煞的模样。平时，鳄鱼隐藏于水中，凭借敏锐的视觉和听觉观察周遭的环境，如同枕戈待旦的战士，一有猎物上门，能够瞬间爆发出强大的攻击力。简单来说，鳄鱼几乎没有天敌，是真正的霸主级生物，令其他动物望而生畏、不敢轻易招惹。不过，你相信吗？如此凶猛的鳄鱼也有流泪的时候呢，难道它们也会悲伤吗？

鳄鱼在吃猎物的时候，会默默流泪，有人说那是它于心不忍时的悲伤。可是，既然于心不忍，为何还要吃掉猎物呢？显然，这个说法并没有多少科学依据。

为了搞清楚这个问题，有人做过很多次实验，

得出结论说鳄鱼流泪是在排出盐分。事实上，鳄鱼真正排盐的地方并不在眼睛周围。

那么，鳄鱼流眼泪既不是因为悲伤，也不是在排泄盐分，真实的答案到底是什么呢?

其实，真相并不复杂。鳄鱼既可以在水中生活，也可以在岸上生活。只有在岸上待的时间长了，鳄鱼才会流眼泪，其目的也仅仅是为了滋润干涩的眼睛。真相就是这样，有时候超乎想象的复杂，有时候又出乎意料的简单。

狐狸真的会迷惑人吗

我国有很多关于狐狸修炼成精、迷惑人类的神话传说，譬如《封神演义》中就有这样的故事：一个狐狸精附身妲己、迷惑纣王，毁掉了商朝600年的江山；《聊斋志异》中也有很多故事与狐狸精有关。那么，狐狸真的能迷惑人吗?

答案是否定的。“狐狸迷惑人”是人们在各种因素的影响下形成的错误认知，实际上狐狸并没有迷惑人的本领。与大家印象中的形象截然相反，我们甚至可以把狐狸当成一种对人们有益的动物。

之所以说狐狸对我们有益，是因为它们经常把老鼠、野兔等破坏农作物的凶手当成自己的美餐。很多动物都是在白天寻找食物，但是狐狸的眼睛结构特殊，即便在深夜也能视物。相对其他晚上休息的动物而言，夜晚也能捕猎的狐狸具有一定的生存优势。

自古以来，狐狸都自带神秘感，很多喜欢冒险的捕猎者对抓捕狐狸尤其感兴趣。但是，狐狸除了聪明，还非常机警，想要捕捉它，可不是一件容易的事情呢！哪怕将狐狸逼入绝境，它们也会利用智慧尽力周旋；实在不行，它们还会放出很臭的气味，以便找机会逃脱。

鹿都会长角吗

鹿是一种爱好和平、温顺可爱的动物，很少与同类或者异类发生争斗，遇到敌人时，也往往避而远之，只有实在被逼急了，才会竖起鹿角，摆出一副拼命的姿态。但是，并非所有的鹿都长角，像梅花鹿、马鹿、驼鹿和黑鹿都是雄鹿长角，雌鹿不长角。不过，也有例外，那就是驯鹿，只有驯鹿是雌雄都长角的。

长角的鹿也并非一年四季都能看到鹿角，鹿角也并非终生不换。每年在一个固定的时期，它们会换上新的角，比如四五月间，梅花鹿的旧角就会脱落，到8月份才会长出新角。

每到秋末冬初，便是公鹿求偶的季节，此时的公鹿刚刚换上一对坚硬的长角。清晨，雄壮的公鹿站在高地发出“我要找女朋友”的信号，母鹿便会闻声赶来。但有时候事情没那么顺利，常常会有一只单身的公鹿半路杀出来，为了争夺美丽的母鹿，两只公鹿大打出手。它们用鹿角作为武器，最终的胜利者将光荣地成为母鹿的“男朋友”。

有趣的是，那些强壮的雄鹿常常拥有数十个配偶，很多都是从别的雄鹿那里通过决斗“抢来”的。可以说，鹿角是雄鹿之间相互争雄的重要武器，而温顺可爱的母鹿就没有这样的武器装备了。

蟾蜍是人类的朋友吗

蟾蜍其实就是我们常说的癞蛤蟆，它们皮肤上疙疙瘩瘩、粗糙不平，长相很是丑陋，似乎受到了大部分人的嫌弃和憎恶。我国民间所认定的“五毒”中就包含了蟾蜍。不是说蟾蜍是人类的朋友吗？那它身上为什么还含有剧毒呢？

事实上，蟾蜍背上的疙瘩是皮脂腺，腺体内有毒素，蟾蜍身上最大的毒腺位于耳朵后面。通常情况下，蟾蜍皮肤干燥，摸上去既不冷也不热。然而，一旦有异物触碰到它的皮肤，蟾蜍周身立刻便会潮湿起来，这是它们在向触碰它的异物发出警告：你再不离我远点，我就给你点颜色瞧瞧！它们的致命招数是从周身的腺体中分泌出白色液体，对方接触到这些液体会灼痛难忍。

蟾蜍分泌出的白色液体是制作蟾酥的原料，蟾酥有镇痛、消炎等作用。

德国将蟾酥制剂用于临床治疗冠心病，我国的多种中成药都有蟾酥成分。但是蟾酥虽可以入药，过量服用却会造成中毒，而且它们的毒性很强。一般情况下，误食者会在半小时后出现头晕、呕吐、四肢发麻等症状，严重时会致命。

然而，蟾蜍又是农民的好帮手。它们藏在干燥的地方捕食田间地头的害虫，如蜗牛、蛞蝓、蝗虫等。在日出、日落前后，这期间每只蟾蜍能捕获将近 150 只害虫。

总的来讲，蟾蜍虽然丑陋了点，但属于益虫，对绿色庄稼有保护作用，因此我们要善待它们，也不用害怕这些小家伙。

麻雀是益鸟还是害鸟

麻雀是最常见的一种鸟类，人们对它是再熟悉不过了，民间有谚语说：“麻雀虽小，五脏俱全。”有一段时期，麻雀却被认为是害鸟，遭到大肆捕杀。与此同时，也有很多人为麻雀叫屈。那么，它们究竟是益鸟还是害鸟呢？

麻雀并不仅仅指的是一种鸟，而是一类鸟的通称。这一类鸟的主要食物是小米、高粱、小麦等谷物，它们的这一喜好正是被人们所讨厌的主要原因。加上麻雀的繁殖能力、适应能力很强，人们常常见到一大群麻雀乌

压压地飞到田地里觅食，因此有些人认为它们是在跟人类抢食物也就不足为奇了。

可是，麻雀虽然吃掉了一些农作物，但这并不代表它们对农作物没有贡献。麻雀的雏鸟以虫类为生，而这些虫类常是农作物的最大敌人。麻雀妈妈每天要捉很多虫子，来填饱幼鸟的肚子。以温带地区为例：每只麻雀每年繁殖 3 ~ 4 窝，每窝有 4 ~ 6 只雏鸟，每只雏鸟都需要母麻雀喂食 12 天的害虫，这样一算，麻雀吃掉的害虫数量其实是非常庞大的。

我们还要说的是，大自然中有一个食物链，这个食物链内环环相扣，一环出问题，整个链条都会受到损伤。从这个意义上来讲，消灭麻雀也是非常不理智的行为。

为什么飞蛾要扑火

闷热的夏夜，总能看到飞蛾绕着路灯不停飞舞。飞蛾喜欢亮光，就连野外的篝火、微弱的烛光、手电筒光等都不愿错过。我们因此常常看到飞蛾围绕亮光飞舞的场面，民间也有“飞蛾扑火自烧身”的说法。那么，飞蛾为什么这么喜欢光亮呢?

夜间，趁着大多数天敌都睡觉去了，飞蛾才偷偷溜出来活动。但遗憾的是，飞蛾的视力并不好，它们只能借用月亮作为灯塔，以此为指引往前飞行。但若旷野里出现别的光亮，它们就不知所措了。它们分辨不出来哪个是月亮，哪个是灯火，只好围着亮光像没头苍蝇一样乱撞，有时候耗尽力气而亡，有时候误打误撞烧死了自己。说到这里，你应该了解了，飞蛾扑的不仅仅是火，它们更多地只是扑向亮光。

法布尔在《昆虫记》中讲了一个令人不解的现象：也许很多人都知道

雄蛾的一生负担着一个很大的使命，那就是找一个雌蛾做配偶。但是，将雌蛾与烛火放在同一个房间里，雄蛾多半会舍弃雌蛾，选择烛火。是什么让烛火战胜了配偶呢？有人猜测说，雌蛾与烛火都能散发出吸引雄蛾的物质，烛火的物质甚至比雌蛾更强烈，因此它选择烛火。

当然了，这种说法是没有科学依据的，真实的答案还在探索中。

5 最令人反感的动物

zui ling ren fan gan de dong wu

雄蚊子为什么不吸血

大家都知道蚊子会吸血，却很少有人知道：只有雌蚊子吸血，雄蚊子是不吸血的。这是为什么呢？难道蚊子也有好坏之分？

其实，虽然同为蚊子，雌、雄蚊子的食性却大不相同。雄蚊子通常很少进屋，主要以植物茎叶中的汁液为食，基本不沾荤腥，直到天气转冷的时候，它们才会躲进屋内御寒。正是因为如此，雄蚊子的口器已经退化得非常短小了，根本无法刺入人们的皮肤，也不能吸食人血。

而雌蚊子则刚好相反，尽管它们偶尔也会吸食植物茎干的汁液，但是一旦它们婚配之后，是必须要吸食血的。这是为什么呢？因为婚配之后，它们只有通过吸血才能促使卵巢发育，并达到繁殖后代的目的。当然，它们不只吸食人类的血，还吸食其他动物的血。

我们通常认为素食主义者要比其他人长寿，但是相反的是，雌性蚊子要比雄性蚊子的寿命长得多。而且，有些雌性蚊子能够在体内存储脂肪，依靠这些脂肪在暖和的地方过冬，这可能也是雌性蚊子长寿的原因之一。

人们通常认为狮子、鳄鱼、蛇是最危险的动物，事实上蚊子对生命的杀伤力更大。据统计，蚊子叮咬致死的人数要远远超过其他任何动物导致的伤亡，在非洲平均每 45 秒，就有一名儿童因感染蚊子携带的疟疾病毒而死亡。更要命的是，蚊子天生具有一项神奇的技能——能够探测到 30 米之外的二氧化碳气体，而人们通过鼻孔和口腔排出二氧化碳，这就是为什么蚊子特别喜欢光顾我们的头部的原因，也是我们几乎无法逃避蚊子叮咬的原因。

黄蜂有毒吗

说起黄蜂，可能我们并不熟悉，但要说起它的俗名马蜂，大家就耳熟能详了。很多人小的时候爱捅马蜂窝，有的甚至还受到过马蜂的攻击，被蜇后的皮肤还疼了好几天呢！黄蜂大多黑、黄和棕色相间，也有不少单一颜色的。那么，这种其貌不扬的昆虫带有毒性吗?

没错，黄蜂和蜜蜂一样，尾端的刺针中都含有毒性，能够伤害到人体。但是它的毒液是怎样产生的呢?

和蜜蜂一样，黄蜂的刺针也是由产卵器演化而成的，所以只有雌性黄蜂才有刺针，雄性黄蜂没有刺针，不能蜇人。黄蜂的刺针与毒囊相连接，蜇人的时候可以将毒液注入人的体内。不过与蜜蜂不同的是，黄蜂并非自杀式蜇人，刺针不会留在人体内，也就是说，黄蜂能够反复向人们发起进攻，危险性更高。

受到黄蜂攻击的人会出现中毒的表征：皮肤在很短的时间内变得红肿、疼痛，如果毒液渗入血液中，随着血液的流动，毒性会很快蔓延，若不及时采取措施治疗，就会产生很严重的后果，甚至会导致死亡。

如此看来，我们还是少招惹黄蜂为好，看到黄蜂生气时，逃之夭夭不失为上策。但是，如何分辨黄蜂是否生气呢？其实很简单，当黄蜂生气时，头部会出现深色的标记，而这在正常情况下是没有的。黄蜂越生气，这种颜色就越明显，说明它的攻击性就越强。

经常调皮捣蛋的小朋友，千万要多多留意啊！一旦触怒了黄蜂，可是要承受它们的群体围攻的哟。

蜈蚣有多少只脚

你是否听说过成语“百足之虫，死而不僵”？“百足之虫”指的是蜈蚣，在很多地方，蜈蚣被人们称作百足虫，蜈蚣真的有一百只脚吗？

“蜈蚣”一词在拉丁语中是“100 只脚”的意思，尽管对蜈蚣进行了 100 多年的大量研究，但是迄今为止还没有人发现它正好有 100 只脚。

其实，关于蜈蚣到底有多少只脚这件事情，不同时期的不少人都有研究，但是研究结果却让人很吃惊：一般来说，同种动物即便存在差异，也是体形上细节部分的差异，身体构造还是相同的。但是对于蜈蚣来说，不同类型的蜈蚣竟然长有不同数目的脚。这是怎么回事呢？

尽管被称为百足虫，但是最常见的蜈蚣却只有 21 对步足和 1 对颚足；而被称为“钱串子”的蜈蚣更是只有 15 对步足和一对颚足；石蜈蚣的步足数量和“钱串子”相同；还有一些蜈蚣的步足数量可以达到 35 对或者 45 对。

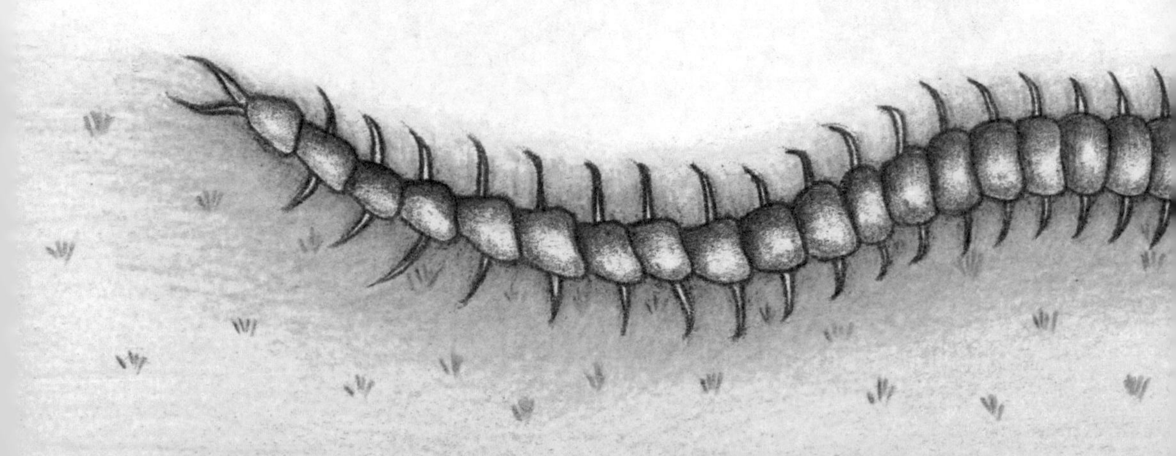

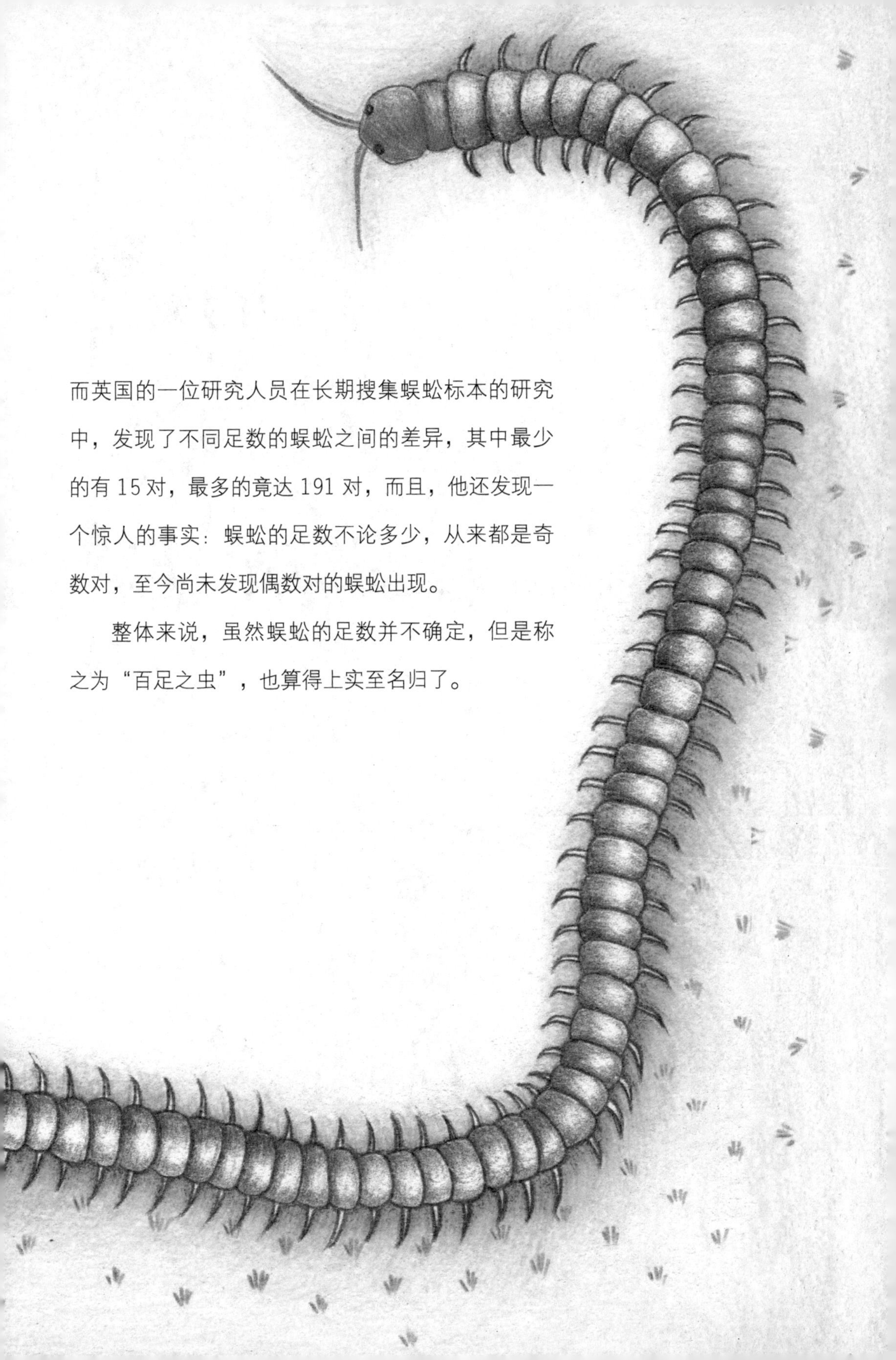

而英国的一位研究人员在长期搜集蜈蚣标本的研究中，发现了不同足数的蜈蚣之间的差异，其中最少的有 15 对，最多的竟达 191 对，而且，他还发现一个惊人的事实：蜈蚣的足数不论多少，从来都是奇数对，至今尚未发现偶数对的蜈蚣出现。

整体来说，虽然蜈蚣的足数并不确定，但是称之为“百足之虫”，也算得上实至名归了。

螳螂真的凶残成性吗

螳螂是我们比较熟悉的一种小动物，其最让人印象深刻的就是身前的一对“大镰刀”，这是它们捕猎的利器，也是它们被称为“刀螂”的原因。螳螂在行走的时候，通常把它那双锋利无比的“大镰刀”拢在身前，时刻警告着其他的小动物：谁敢进犯，小命不保！也因此，对于同等体形的动物来说，螳螂算是一种非常凶残的动物，就连人们看到了它，也会对它的“大镰刀”敬畏三分。

但是螳螂吃掉的都是些蚱蜢、蜘蛛、飞蛾等对农作物有害的害虫啊，既然这样，为什么人们还是觉得它很可怕呢？难道除了“大镰

刀”，它还有什么厉害的武器吗?

其实，螳螂并没有其他的武器，人们之所以讨厌它，是因为它是谋害亲夫的凶手！螳螂不仅谋害自己的丈夫，还会把丈夫吃进肚子！雌性螳螂在“作案”的时候，会先咬住丈夫的头颈，然后慢慢吃下去，直到吃得只剩下两片翅膀为止。

看到这里，你一定明白为什么螳螂被称为凶残的动物了。人们常说，虎毒不食子，然而螳螂连自己的丈夫都下得了手，真是骇人听闻啊！

不过，真要说螳螂凶残似乎有点以偏概全了，虽然螳螂生性残暴好斗，缺食时常有大吞小和雌吃雄的现象，但它们在田间和林区能消灭不少害虫，因而是益虫。

蜘蛛是如何结网的

我们常常可以在破旧的房屋里，或是在树枝甚至两棵树之间发现蜘蛛网，这些网连接两地，距离不算太远。人们会好奇蜘蛛是如何将蛛网连接起来的？对于这种既不会飞行，又不会跳远的动物而言，它们究竟学会了怎样的魔法呢？

蜘蛛网其实是由蜘蛛的丝结成的。当我们研究蜘蛛时会发现，在它的肚子末端有几对“纺织器”，而蜘蛛丝就是从这里流出来的。

蜘蛛丝的成分跟蚕丝很相近，主要为蛋白质构成。蜘蛛刚流出的丝线，就好像我们平常所用的胶水一样具有黏性，不过一旦丝线接触到空气后，就会立刻变成硬丝。

蜘蛛在架设它的空中猎网时，会先在它所在的地方制造许多长度足以到达对面目标的丝线，这些丝线一遇到风，便会随风在空中飘荡；一旦丝线的另一端飘到了对面目标，缠住树枝或其他东西时，正在原地固定蛛丝的蜘蛛，就会以这条线为支撑，再来回粘上许多蛛丝，以使它变得更粗、更结实。另外，蜘蛛还会在这条粗丝下方平行架设另一条粗丝以增加牢固度，之后蜘蛛就可以在这两条粗丝的基础上将其织成网状的结构了。

蝉的歌声为什么那么嘹亮

夏天的时候，我们经常听到响亮悠远的蝉鸣声，尽管蝉一直被人们称为伟大的“音乐家”，可是很多时候我们听到这些刺耳的声音难免会觉得心烦，于是就忍不住发问：蝉的叫声为什么这么响亮呢？吵得连午休都睡不好。

其实，关于蝉叫有很多有趣的故事，有的说因为蝉是一个聋子，根本听不到自己的高嗓门，所以一直就这么不知疲惫地大叫着；也有的说，蝉大声鸣叫完全是出于对音乐的热爱。但是这两种解释似乎都没有足够的证据，而后来的研究证明，大声鸣叫的只是雄蝉，由于雌蝉的发声器早就已经退化了，是不可能发出响亮的

鸣叫声的。雄蝉之所以要大声鸣叫，是为了求偶，它们高昂的叫声能够吸引来很多雌蝉，之后它们才能找到心仪的对象并与之交配。

那么，雄蝉为什么能发出来如此高的音调呢？这是因为在蝉的后翼空腔中，有一种非常发达的发声器，受到刺激之后，能够持续不断地发出声音。此外，蝉的发声膜下边的腹室也具有扩音效果。有如此完美的音响设备，当雄蝉听到别的蝉叫之后，当然就会刺激听觉器官，并由前两个腹节发声器的收缩引起发声膜的震动，发出嘹亮的声音。

不过，雄蝉确实没有雌蝉的听觉器官好，在大声鸣叫的时候，它们的确是听不到声音的，所以常常会鸣叫一会儿就停下来听一听。

蝉的鸣叫能预报天气，如果蝉很早就在树端高声歌唱起来，这是在告诉人们“今天天气很热”。

蝉的幼虫为什么生活在土壤里

夏日的午后，蝉总是站在树上“知了知了”地叫个不停。蝉是昆虫界的大嗓门，叫声清脆响亮，而且非常持久，几乎不会觉得劳累。蝉虽然生活在树上，甚至连卵也产在树上，但蝉的幼虫却生活在土壤里，这是为什么呢?

夏天的傍晚，在大树附近的地面上，许多蝉的幼虫从土壤里钻出，爬到树上或草地上，静静等待脱皮后，化身为蝉。

蝉大部分时间生活在树上，平时会用针一样的嘴刺到树皮中吸取树汁。等到秋天时，再用它那尖尖的产卵管，插进树中产卵。每一次，它们会在树洞里产 4~5 粒卵。这样，树很容易受到伤害，甚至死亡。

蝉刚产下的卵，在当年并不孵化，直到第二年夏天，才孵出幼虫。幼虫钻出枝条，掉到地上，找到松软的土壤就钻进去，开始它漫长的地下生活，

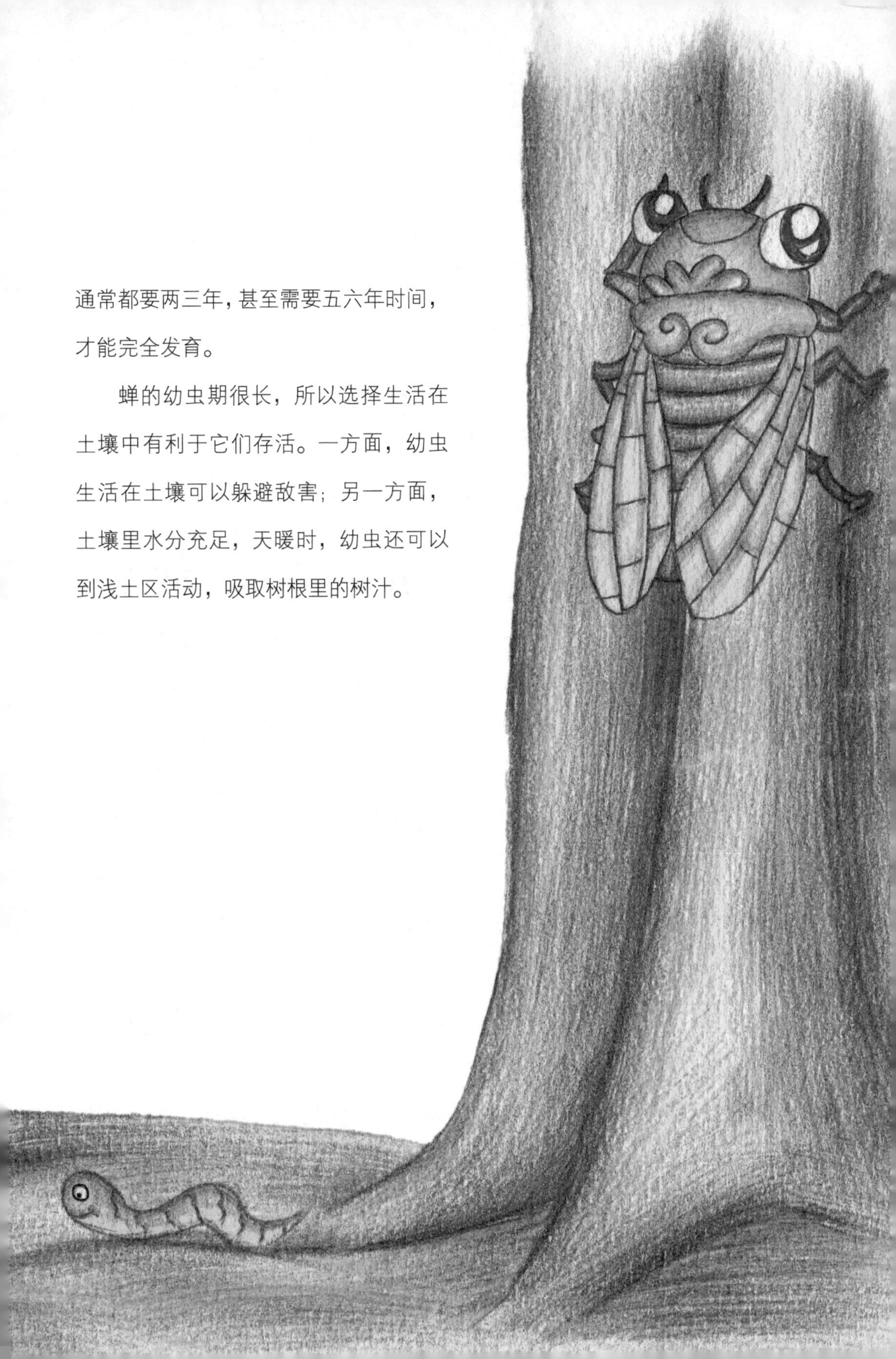

通常都要两三年，甚至需要五六年时间，才能完全发育。

蝉的幼虫期很长，所以选择生活在土壤中有利于它们存活。一方面，幼虫生活在土壤可以躲避敌害；另一方面，土壤里水分充足，天暖时，幼虫还可以到浅土区活动，吸取树根里的树汁。

苍蝇为什么不生病

夏天来了，天气炎热，到处都有蚊蝇飞行，尤其是餐馆、厨房这些有新鲜食物的地方。苍蝇携带有大量的细菌，一旦附着在食物上，就不能再轻易入口了。所谓“病从口入”，说的就是类似的状况。可是，苍蝇们经常出没在垃圾桶、厕所、臭水沟里，吃那些又脏又臭的东西，却一个个生龙活虎，健康得不行，它们为什么不会生病呢？

原来，苍蝇是靠一样东西才不怕细菌的感染的——抗菌活性蛋白。苍蝇每天吃又脏又臭的食物，细菌当然也会被带到肚子里，但是这些细菌不会在它们体内滞留很长时间。这是因为，苍蝇的体内可以分泌一种叫作抗菌活性蛋白的东西，抗菌活性蛋白可以将消化道里的部分细菌杀死，而另一部分细菌则会被当作废物排出体外。也就是说，细菌最多只能在苍蝇的体内生存约一周的时间，所以苍蝇是不会因感染细菌而生病的。

但是，由于苍蝇经常出入很脏的地方，身上带有很多的细菌，一旦碰触食物，不仅会把细菌传染给食物，甚至还可能把体内的细菌排在食物上，那就更不堪设想了。虽然节约粮食是我们一直宣扬的美德，但是为了让自己不生病，有时候该舍弃的还是要舍弃的，苍蝇爬过的带细菌的饭菜还是倒掉的好。

“衣鱼”为什么被称作书虫

书架上的书很久都没有人翻看了，上面落满了厚厚的一层灰尘。如果你翻开一本书，很有可能会发现藏在其中的小虫子，这便是“衣鱼”。它还有一个形象的绰号——书虫。

你是不是有点迷惑了，“衣鱼”难道不是一种鱼吗？那不是应该生活在水里吗？怎么成了一种小虫子了？它又为什么喜欢钻到书里面呢？难道它们也喜欢看书？

原来，由于“衣鱼”的身上长着银白色的鳞片，而且尾部分出两个“小尾巴”，看起来非常像鱼，所以人们称它为“衣鱼”。它们喜欢富含淀粉或者糖类的食物，而书籍中就含有大量的淀粉，所以“衣鱼”就经常光顾那些长时间不翻阅的书籍。另外，一些照片、毛发、昆虫的尸体等也含有糖类或者淀粉等成分，所以这些物品也是“衣鱼”的食用对象。

不同种类的“衣鱼”的喜好也有差异，比如西洋“衣鱼”就喜欢损坏书画，敏栉“衣鱼”却喜欢啮食衣物，小灶“衣鱼”则喜欢在厨房墙壁上爬行。

“衣鱼”还有一项出类拔萃的生存绝技——即便几个月不吃东西，身体也不会受到伤害。是不是超厉害呢?

不过，“衣鱼”虽然对人类生活造成滋扰，但其实是无害的。在建筑物里，“衣鱼”必须要有潮湿及有空隙的环境才能生存；只要环境干燥、建筑物没有裂缝，“衣鱼”就会自然消失。

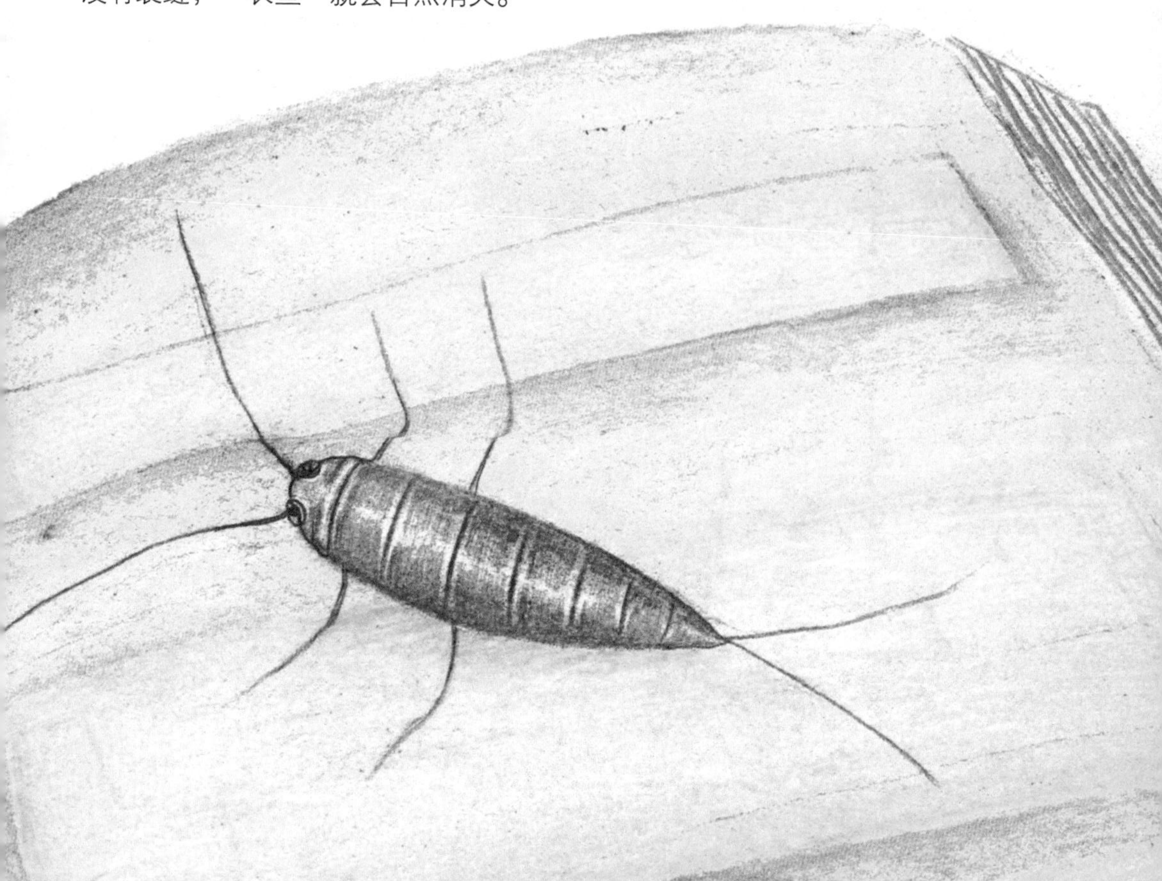

为什么蟑螂的生命力那么顽强

如果你看过周星驰的电影，一定会记得“小强”这个名字吧？被冠以这个称呼的，就是蟑螂这种昆虫了。它们因为生命力极其顽强，才有了这个绰号。

可能大家并没有把毫不起眼的蟑螂放在眼里，事实上，蟑螂的来头并不小。它们曾经和已经灭绝的恐龙在同一时代生活，甚至比恐龙还要早诞生很多年。现在，恐龙都灭绝了，它们依然还生息繁衍着。

其实，蟑螂之所以能够有这么长久的历史，正是得益于它们比较顽强的生命力。在没有任何食物的情况下，它们还能够再活上 30 天。就算没有水，它们也能再坚持 7 天。

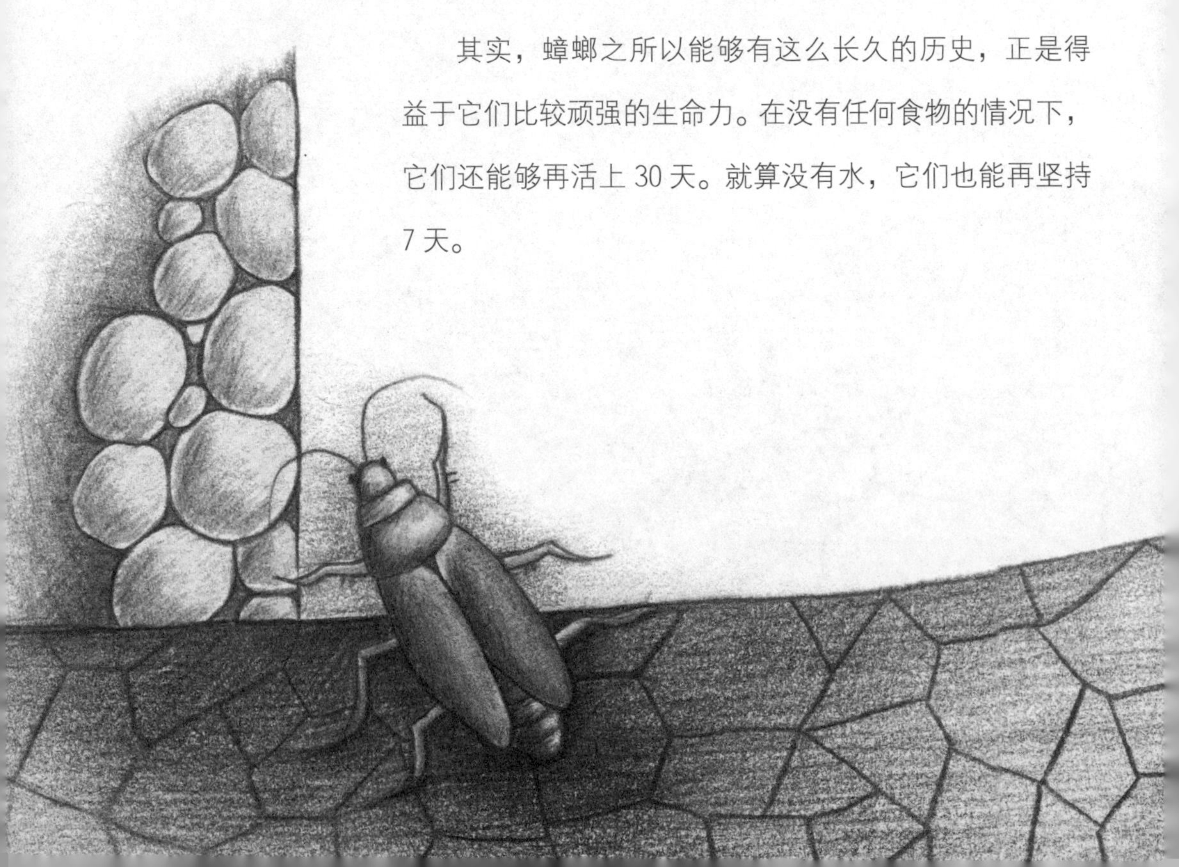

如果你认为它们的能耐仅此而已，那就太小看它们了。即便头被啃掉，蟑螂也能再活 9 天，甚至还能“生孩子”。这种掉了头颅还能活下来的事情，恐怕我们只在神话故事中听说过吧?

看到这里，你是不是觉得不可置信呢?没有了头，蟑螂怎么存活呢?原来，蟑螂的脑袋和我们平时所了解的身体结构并不相同，它们的身体并不像大多数动物一样由脑袋控制。也就是说，就算掉了脑袋，蟑螂的身体也能正常活动。

有人开玩笑说:“如果核战爆发，蟑螂会是幸存者，而人类则必死无疑，因为蟑螂还能抵御核辐射。”现在，你是不是也觉得蟑螂的生命力真是强悍得让人叹为观止呢?

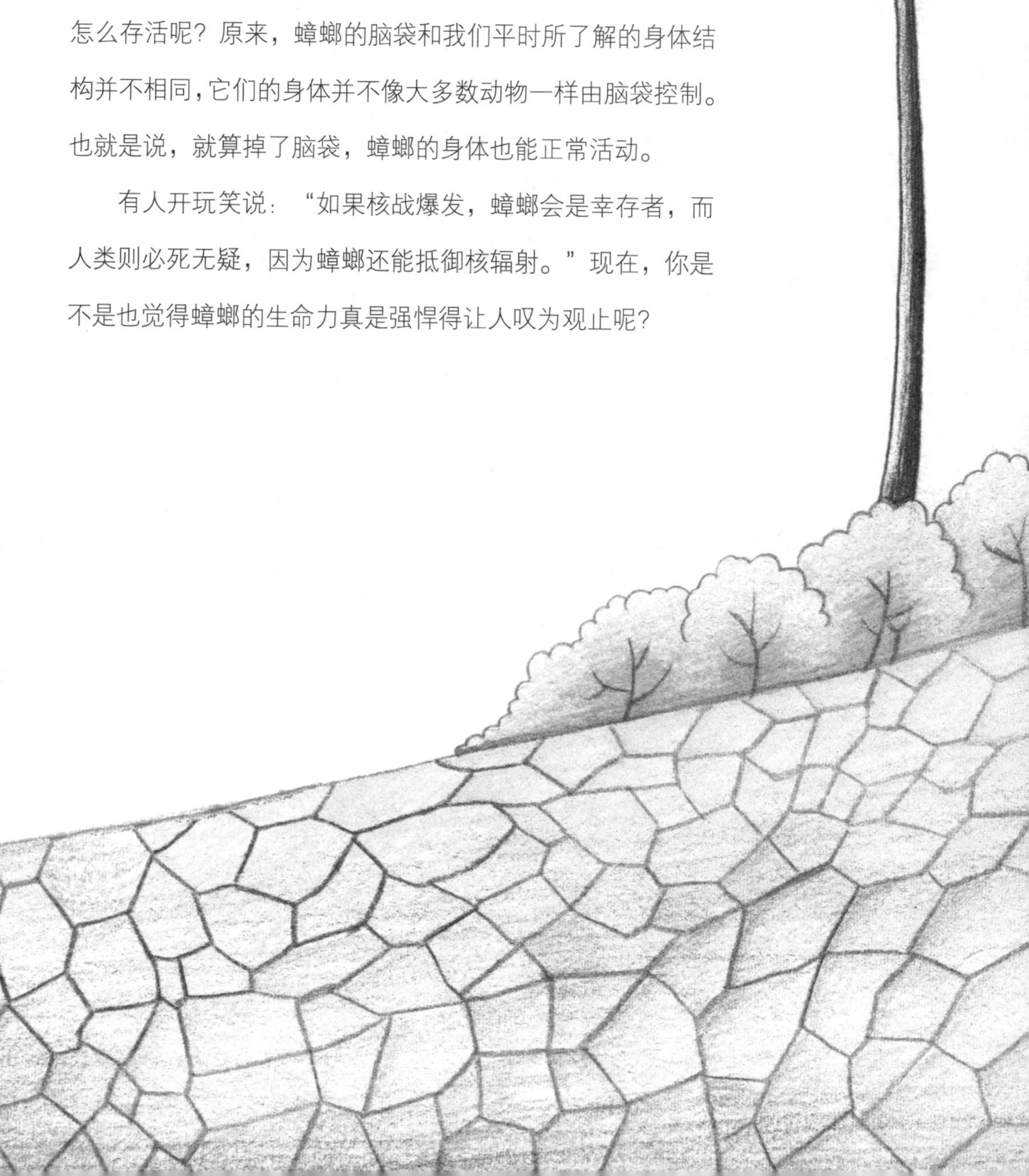